OHM大学テキストシリーズ　シリーズ巻構成

刊行にあたって

編集委員長　辻　毅一郎

　昨今の大学学部の電気・電子・通信系学科においては，学習指導要領の変遷による学部新入生の多様化や環境・エネルギー関連の科目の増加のなかで，カリキュラムが多様化し，また講義内容の範囲やレベルの設定に年々深い配慮がなされるようになってきています．

　本シリーズは，このような背景をふまえて，多様化したカリキュラムに対応した巻構成，セメスタ制を意識した章数からなる現行の教育内容に即した内容構成をとり，わかりやすく，かつ骨子を深く理解できるよう新進気鋭の教育者・研究者の筆により解説いただき，丁寧に編集を行った教科書としてまとめたものです．

　今後の工学分野を担う読者諸氏が工学分野の発展に資する基礎を本シリーズの各巻を通して築いていただけることを大いに期待しています．

通信・信号処理部門
- ▶ディジタル信号処理
- ▶通信方式
- ▶情報通信ネットワーク
- ▶光通信工学
- ▶ワイヤレス通信工学

情報部門
- ▶情報・符号理論
- ▶アルゴリズムとデータ構造
- ▶並列処理
- ▶メディア情報工学
- ▶情報セキュリティ
- ▶情報ネットワーク
- ▶コンピュータアーキテクチャ

編集委員会

編集委員長　辻　毅一郎

編集委員（部門順）

共通基礎部門	小川 真人	（神戸大学）
電子デバイス・物性部門	谷口 研二	（奈良工業高等専門学校）
通信・信号処理部門	馬場口 登	（大阪大学）
電気エネルギー部門	大澤 靖治	（東海職業能力開発大学校）
制御・計測部門	前田 裕	（関西大学）
情報部門	千原 國宏	（大阪電気通信大学）

（※所属は刊行開始時点）

OHM 大学テキスト

論理回路

今井正治 ――――[編著]

「OHM大学テキスト　論理回路」
編者・著者一覧

編 著 者	今井正治（大阪大学名誉教授）	［9, 10, 13, 14 章］
執 筆 者 （執筆順）	武内良典（近畿大学）	［1, 11, 12 章］
	東野輝夫（大阪大学）	［2～4, 15 章, 付録］
	橋本昌宜（京都大学）	［5～8 章］

　本書を発行するにあたって，内容に誤りのないようできる限りの注意を払いましたが，本書の内容を適用した結果生じたこと，また，適用できなかった結果について，著者，出版社とも一切の責任を負いませんのでご了承ください．

　本書は，「著作権法」によって，著作権等の権利が保護されている著作物です．本書の複製権・翻訳権・上映権・譲渡権・公衆送信権（送信可能化権を含む）は著作権者が保有しています．本書の全部または一部につき，無断で転載，複写複製，電子的装置への入力等をされると，著作権等の権利侵害となる場合があります．また，代行業者等の第三者によるスキャンやデジタル化は，たとえ個人や家庭内での利用であっても著作権法上認められておりませんので，ご注意ください．

　本書の無断複写は，著作権法上の制限事項を除き，禁じられています．本書の複写複製を希望される場合は，そのつど事前に下記へ連絡して許諾を得てください．

出版者著作権管理機構
（電話 03-5244-5088, FAX 03-5244-5089, e-mail: info@jcopy.or.jp）

JCOPY ＜出版者著作権管理機構 委託出版物＞

まえがき

　本書は情報科学系，電子情報系，および電気電子系の学部学生を対象とした論理設計の教科書として編集した．本書の特徴は，論理設計に関する基礎理論だけでなく，ハードウェア関連の学生実験で用いられるFPGAや論理ICの動作原理を理解するために必要な知識やVLSIの設計で用いられているCMOS回路に関する基礎的な知識も提供していることである．

　上記の学科で使われている論理設計の教科書の多くは，組合せ回路および順序回路の設計方法について，ブール代数にもとづく数学的な手法の解説を行っている．論理設計の結果は論理ゲートを用いたディジタル回路として実現されることになるが，多くの教科書では論理ゲートの物理的な性質に関する具体的な説明を十分に行っていない．そのため初学者にとっては，フリップフロップの動作原理を十分に理解できないとか，桁上げ先見加算器での動作速度とハードウェア量のトレードオフについて定性的にしか理解できないというような問題が生ずることになる．

　特に理論計算機科学を中心に研究を行っている教員が多い計算機科学系の場合には，教育の重点が相対的にソフトウェアに関連する教育に向けられている場合も多い．そのため，学部学生がハードウェアに関連する授業の内容が理解しづらいとか，学生実験で用いられる集積回路やFPGAなどについての知識が必ずしも授業で提供されないという問題が生じる場合もある．

　そこで，本書ではこれらの問題に対処するために，CMOS論理ゲートの実際のセルライブラリの遅延時間モデルを用いて，論理回路の遅延時間の具体例を示して説明することにした．これによって，本書の読者が現実のハードウェアについてより深く理解できるようになることを期待している．また，VLSIの面積と遅延時間のトレードオフの概念を身につけることによって，ハードウェア設計者としての素養を獲得する一助となれば幸いである．

2016年10月

編著者　今井正治

目次

1章 論理回路と数値表現
1・1 論理回路の初歩　*1*　　　　　演習問題　*14*
1・2 数値表現　*6*

2章 論理関数とブール代数
2・1 論理関数　*16*　　　　　　　演習問題　*29*
2・2 ブール代数　*24*

3章 論理関数の標準形
3・1 積和形と和積形　*30*　　　　3・4 ブール形の展開　*36*
3・2 標準形　*31*　　　　　　　　演習問題　*38*
3・3 シャノン展開　*31*

4章 論理関数の性質
4・1 完全系　*39*　　　　　　　　4・4 双対定理　*46*
4・2 双対関数　*41*　　　　　　　演習問題　*47*
4・3 双対形　*44*

5章 カルノー図を用いた論理式の簡単化
5・1 最簡積和形　*49*　　　　　　5・4 論理設計例　*57*
5・2 カルノー図　*50*　　　　　　演習問題　*59*
5・3 カルノー図を用いた簡単化　*51*

6章 ドントケアを含む論理関数の簡単化
6・1 ドントケアを含む論理関数の簡単化　*60*　　6・3 最簡和積形　*69*
　　　　　　　　　　　　　　　　　　　　　演習問題　*71*
6・2 クワイン・マクラスキー法　*64*

目次

7章 組合せ論理回路設計
7・1 組合せ論理回路と論理ゲート　72
7・2 組合せ論理回路の実現　73
7・3 組合せ回路の設計法　76
演習問題　82

8章 よく用いられる組合せ回路
8・1 2進デコーダ　84
8・2 2進エンコーダ　85
8・3 マルチプレクサ　86
8・4 比較回路　87
8・5 パリティ生成　88
演習問題　90

9章 加減算器とALU
9・1 逐次桁上げ加算器　92
9・2 逐次桁上げ加算器の遅延時間　93
9・3 桁上げ先見加算器　96
9・4 桁上げ先見加算器の遅延時間　99
9・5 加減算器　102
9・6 2進化10進加算器　103
9・7 算術論理ユニット（ALU）　106
演習問題　109

10章 フリップフロップとレジスタ
10・1 フリップフロップの動作原理　111
10・2 SRラッチ　112
10・3 Dラッチ　114
10・4 Dフリップフロップ　116
10・5 レジスタ　118
10・6 レジスタファイル　119
10・7 バス　120
演習問題　123

11章 同期式順序回路
11・1 順序回路　127
11・2 自動券売機の例　128
11・3 状態遷移図と状態遷移表　130
11・4 Mealy型順序機械とMoore型順序機械　131
11・5 順序回路の設計の流れ　132
演習問題　139

12章 順序回路の簡単化と順序回路の例
12・1 順序回路の簡単化　141
12・2 Mealy型順序機械とMoore型順序機械の変換方法　146
12・3 順序回路の例　148
演習問題　156

目次

13章 カウンタ
- 13・1 カウンタとは　157
- 13・2 2^n進カウンタ　158
- 13・3 2^n以外の周期をもつカウンタ　162
- 13・4 リングカウンタ　167
- 13・5 ジョンソンカウンタ　168
- 13・6 グレイコードカウンタ　170
- 演習問題　172

14章 乗算器と除算器
- 14・1 表記法　173
- 14・2 乗算器の種類　174
- 14・3 逐次形乗算器　175
- 14・4 アレイ形乗算器　177
- 14・5 ツリー形乗算器　180
- 14・6 符号付き数の乗算　182
- 14・7 除算器の種類　182
- 14・8 引き戻し法にもとづく除算器　183
- 14・9 引き放し法にもとづく除算器　185
- 14・10 引き放し法にもとづくアレイ形除算器　188
- 14・11 符号付き数の除算　190
- 演習問題　191

15章 ICを用いた順序回路の実現
- 15・1 簡単な電卓の設計　193
- 15・2 Moore型順序回路としての実現　199
- 15・3 マイクロプログラム方式による実現　202
- 15・4 簡単な自動販売機の制御部の設計　205
- 演習問題　208

付録 CPUの設計
- A・1 設計するCPUの概要　209
- A・2 CPUの実現法　216
- 演習問題　222

演習問題解答　223
参考文献　248
索引　249

1章 論理回路と数値表現

本章では，論理回路の初歩と，論理回路で使用する数値表現について説明する．現在のディジタルコンピュータで使われる演算器は論理回路によって実現されているので，コンピュータの動きを理解するためには，論理回路について学ぶことが重要である．

1·1 論理回路の初歩

コンピュータの内部では，「偽（false:F）と真（true:T）」，「0 と 1」，「スイッチのオフとオン」などの 2 個の論理値に対して，**論理演算**（logical operation）が行われる．論理演算の代表例として，論理和（OR, $\vee$），論理積（AND, $\cdot$），否定（NOT, $\neg$）などの論理演算がある．論理演算は，論理記号 (F,T) に対して行われる演算であるが，それを (0,1) の記号に対応させると，論理演算を加算などの算術演算に対応させることができる．以降の説明では，論理記号として (0,1) を用いる．論理和（$\vee$）は 2 変数の**論理演算子**（logical operator）（**論理演算記号**（logic symbol））で，二つの引数 x, y のいずれかが 1 のとき論理式 $x \vee y$ の値が 1 になる関数であり，論理積（$\cdot$）は二つの引数 x, y の両方が 1 のとき論理式 $x \cdot y$ の値が 1 になる関数である．否定（$\neg$）は 1 変数の論理演算子で引数 x の値が 0 のとき論理式 $\neg x$ の値が 1 になり，引数 x の値が 1 のとき $\neg x$ の値が 0 になる関数で，入力 x に対して $\neg x$ と書いたり $\bar{x}$ と表記したりする．なお，論理和 $x \vee y$ は $x + y$ のように '+' 記号を用いて表記したり，論理積 $x \cdot y$ は $\cdot$ を省略して xy のように表記することもある．論理演算の入力と出力の対応関係を**表 1·1** に示す．表 1·1 は，**真理値表**（truth table）と呼ばれ，論理演算における入力値とその出力値の対応を表として表している．また表 1·1 の論理演算は，**図 1·1** のような論理ゲートを使って実現される．論理ゲートの左側が入力（引数），右側が出力（演算結果）である．論理ゲートを組み合わせて，**論理回路**（logic circuit）を実現する．

1章 論理回路と数値表現

表 1・1 基本的な論理演算

入力		出力	
x	y	$x \vee y$	$x \cdot y$
0	0	0	0
0	1	1	0
1	0	1	0
1	1	1	1

入力	出力
x	$\bar{x}$ または $\neg x$
0	1
1	0

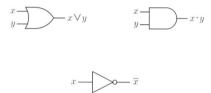

図 1・1 基本的な論理演算に対応する論理ゲート

これら基本的な論理演算を使って，他の論理演算を実現することができる．例えば，排他的論理和（⊕）は二つの引数 x, y が異なる値のとき論理式 $x \oplus y$ の値が 1 になる関数である．排他的論理和の真理値表を**表 1・2** に示す．

排他的論理和は，$x = 1$ と $y = 0$ が同時に成り立つとき，または $x = 0$ が $y = 1$

表 1・2 排他的論理和の真理値表

入力		出力
x	y	$x \oplus y$
0	0	0
0	1	1
1	0	1
1	1	0

が同時に成り立つとき1となるため，基本論理演算を組合せて，次式のように表現できる．本式が成り立つことは，表1.1の真理値表を使って確かめることができる．

$$x \oplus y = (x \cdot \overline{y}) \vee (\overline{x} \cdot y) \tag{1.1}$$

排他的論理和の論理ゲートは，図1·2のように表記される．

図1·2 排他的論理和の論理ゲート

論理和（∨），論理積（·），否定（¬），排他的論理和（⊕）の論理演算を用いて，2進数に対する加減算などの算術演算を実現することができる．詳しくは9章で学ぶことにするが，例えば1ビットの2進数 x と y の和を2ビット列 "$c\,s$"（$2 \times c + s$ が演算結果）と表すとすると，c や s の値は**表1·3**で表される．c の値が1になるのは x も y も共に1のときに限るので，表1·1の論理演算を用いると

$$c = x \cdot y \tag{1.2}$$

と論理式で表すことができる．同様に，s の値が1になるのは x と y のいずれか一方のみが1になるときに限るので

$$s = x \oplus y \tag{1.3}$$

と論理式で表すことができる．なお，表1·3のように下位ビットからの桁上げを考慮しない1ビットの加算器を**半加算器**（half adder: HA）と呼ぶ．上述の論理演算子を含む関数（論理関数と呼ぶ）の性質については2章で詳しく説明する．

表1·3 半加算器の真理値表

x	y	c	s
0	0	0	0
0	1	0	1
1	0	0	1
1	1	1	0

図 1・3　論理ゲートを用いた半加算器の実現

図 1・4　半加算器の論理記号

　半加算器は図 1・1，図 1・2 の論理演算記号を用いると，図 1・3 のように表現できる．また，図 1・4 のような論理演算記号を使って表現することもある．

　下位ビットからの桁上げを考慮した場合の 1 ビットの加算器を**全加算器**（full adder: FA）と呼ぶ．下位ビットからの桁上げを変数 z で表し，半加算器と同様に 1 ビットの 2 進数 x と y および下位桁からの桁上げ z との和を $2c + s$ で表すと，c や s の値は表 1・4 に示す真理値表のようになる．c の値が 1 になるのは，x, y, z の値のうちの二つ以上が 1 のときに限るので

$$c = (x \cdot y) \vee (y \cdot z) \vee (z \cdot x) \tag{1・4}$$

と論理式で表すことができる．同様に s の値が 1 になるのは，x と y と z の値の

表 1・4　全加算器の真理値表

x	y	z	c	s
0	0	0	0	0
0	0	1	0	1
0	1	0	0	1
0	1	1	1	0
1	0	0	0	1
1	0	1	1	0
1	1	0	1	0
1	1	1	1	1

うちの奇数個が1であるときに限るので

$$s = (x \cdot \overline{y} \cdot \overline{z}) \vee (\overline{x} \cdot y \cdot \overline{z}) \vee (\overline{x} \cdot \overline{y} \cdot z) \vee (x \cdot y \cdot z) = x \oplus y \oplus z \quad (1 \cdot 5)$$

と論理式で表すことができる．論理式の求め方は2章以降で詳しく説明する．

半加算器と同様，全加算器も論理演算記号を用いて**図 1·5** のように表現でき，全加算器そのものを**図 1·6** のような論理演算記号を用いて表現することもある．さらに，全加算器は半加算器を用いて**図 1·7** のように表現することも可能である．

全加算器は下位桁からの桁上げを考慮して加算を行うことができるので，全加算器を**図 1·8** のように接続すると，複数ビット（bit）で表現されている 2 進数の加算演算を実現することができる．後述するが，**2 の補数**（2's complement）で数値表現されている数値どうしの加減算も本加算器を使って計算できる．

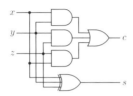

図 1·5　論理ゲートを用いた全加算器の実現

図 1·6　全加算器の論理記号

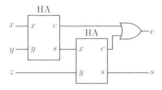

図 1·7　半加算器と論理ゲートを用いた全加算器の実現

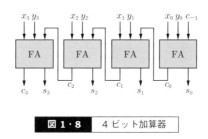

図 1・8 4 ビット加算器

1・2 数値表現

論理回路はコンピュータの演算・制御回路を実現し、数値演算を行うこともできる。コンピュータ内部での数値表現にはさまざまな表現方法が存在するが、本節では論理回路で一般的に使用される表現について学習する。

〔1〕2 進数（8 進数，16 進数）

論理回路では，0 または 1 の値を用いて情報を表現する．数値は最も基本的な情報の一つである．0 または 1 を一つ使用するだけでは 2 種類の値しか表現できないため，数値は通常いくつかの 0 および 1 の列を使って表現される．0 または 1 の値を一つ表現する単位を**ビット**（bit）と呼ぶ．0 または 1 のみを使って表現された数を **2 進数**（binary representation）と呼ぶ．2 進数の最上位のビットを **MSB**（Most Significant Bit），最下位のビットを **LSB**（Least Significant Bit）と呼ぶ．2 進数で表現される数値を 101_2 や $(101)_2$ のように数値の右下に 2 をつけて表現し，10 進数と区別できるようにする．特に 10 進数を強調したい場合は 2 進数と同様に数値の右下に 10 をつけ，123_{10} のように表すこととする．一般に，K 進数はそれぞれの桁を 0 から $K-1$ までの数字を使って数値を表現する．10 進数では 1 桁ごとに 0 から 9 の文字を使い，1 桁増えるごとに 10 倍の重みがついている．例えば，数値 123_{10} は，$1 \times 10^2 + 2 \times 10^1 + 3 \times 10^0$ の意味である．同様に，2 進数では各桁に 2 倍の重みがつくため，101_2 は，$1 \times 2^2 + 0 \times 2^1 + 1 \times 2^0 = 5_{10}$ を表す．2 進数の各ビットの値を $b_i (0 \leq i \leq n-1)$ としたときの 2 進数の値 X は式 (1・6) のように計算される．したがって，n ビットを使って表現できる最大の 2 進数は $2^n - 1$ となる．

1・2 数値表現

表 1・5　2進数, 8進数, 10進数, 16進数の対応

2進数	8進数	10進数	16進数
0000	00	0	0
0001	01	1	1
0010	02	2	2
0011	03	3	3
0100	04	4	4
0101	05	5	5
0110	06	6	6
0111	07	7	7
1000	10	8	8
1001	11	9	9
1010	12	10	A
1011	13	11	B
1100	14	12	C
1101	15	13	D
1110	16	14	E
1111	17	15	F

$$X = b_{n-1} \cdot 2^{n-1} + b_{n-2} \cdot 2^{n-2} \cdots + b_1 \cdot 2^1 + b_0 \cdot 2^0 = \sum_{i=0}^{n-1} b_i \cdot 2^i \quad (1 \cdot 6)$$

4ビットで表現できる2進数と, それに対応する8進数, 10進数, 16進数を**表1・5**にまとめる. 4ビットで表現できる2進数の最大値は10進数で表現すると15となる. 4ビットの2進数で表現できる数値は, 8進数と10進数では2桁, 16進数では1桁で表現可能である. K進数はそれぞれの桁を0から$K-1$までの数字を使って数値を表現するが, 9よりも大きい数値を表現する場合には一般にアルファベットを使って表現する. 例えば, 16進数では, 10進数の$10_{10}, 11_{10}$がそれぞれA_{16}, B_{16}と表現される. 16進数では, 接頭辞0xを使ってA_{16}を0xAのように表現することもある. 8進数は3ビット, 16進数は4ビットをまとめて表現するのに都合が良いため頻繁に用いられる. 2進数から8進数, 16進数に変換するには, 2進数で表現された数値を3ビット, 4ビットごとに区切り, それぞれ8進数, 16進数に変換すれば容易に変換可能である. また, 2進数でも小数点数を表現することができ, 10進数と同様 "." を使って小数点を表す. 2進数の場合, 小数点以下の重みは小数点以下順に$2^{-1}, 2^{-2}, 2^{-3} \cdots$を表す.

〔2〕2 進数と 10 進数の相互変換

2 進数は各桁ごとに 2 倍の重みの違いがあるため，n ビットの 2 進数を 10 進数に変換する場合，式 (1·6) に従って計算すればよい．ここでは説明の簡単化のため，正の数を扱うことにする．負の数は次ページ以降で出てくる補数を用いて計算することで正の数の場合と同様に扱うことができるようになる．

例題 1・1

次の 2 進数を 10 進数に変換せよ．

1101_2 0111_2 0.11_2

■答え

$$(1101)_2 = 1 \times 2^3 + 1 \times 2^2 + 0 \times 2^1 + 1 \times 2^0 = 13$$
$$(0111)_2 = 0 \times 2^3 + 1 \times 2^2 + 1 \times 2^1 + 1 \times 2^0 = 7$$
$$(0.11)_2 = 0 \times 2^0 + 1 \times 2^{-1} + 1 \times 2^{-2} = 0.75$$

次に，10 進数を 2 進数に変換する方法を説明する．2 進数は各桁ごとに 2 倍の重みの違いがあり，10 進数は各桁ごとに 10 倍の重みの違いがある．そのため，10 進数を 2 進数に変換するには，まず最初に変換したい値を 2 で割って商と剰余を求め，次に商を繰り返し 2 で割って剰余を求め，剰余を逆順に並べればよい．小数部に関しては，反対に 2 を繰り返し乗じていき，その整数部を並べていけばよい．

例題 1・2

次の 10 進数を 2 進数に変換せよ．

32_{10} 0.125_{10} 0.1_{10}

■答え

図 1·9 参照．なお，図 1·9 に示したように，小数部を含む場合，有限桁の 10 進数であっても，必ずしも有限桁の 2 進数にならないことがある．

1・2 数値表現

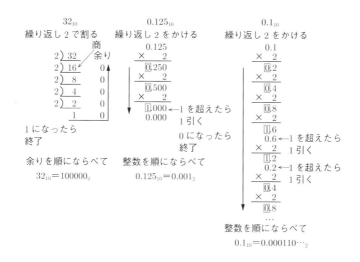

図1・9　10進数から2進数への変換

〔3〕補数表現（2の補数，1の補数）

前項では，複数ビットを使用した2進数の表現法について説明した．ここでは，**補数**（complement）について説明する．補数とは，値を表現している数が桁上がりを生じるのに必要な最小の数，またはその値から1を減じた数である．例えば，10進数の1桁で表現されている数値8の10の補数は $10-8$ で2であり，9の補数は $9-8$ で1となる．8に対して2を加算すると桁上がりが生じて10となる．本来桁上がりが生じて10となっているが，現在数値が1桁で表現されているということを考えると，8に X（ここでは2）を加算して，結果が0になったということから，X は -8 を表現し，$8-8=0$ の演算が実現できたと解釈することができる．この考えに基づき，補数を使って負の数を表現できる．ただし，補数を使って負の数を表現した場合，表現の一部を負数に割り当ててしまうため，表現できる大きさの範囲が狭くなってしまう．

4ビットで表現された2進数を考える．2進数の補数を考えると，4ビットで表現できる値は**表1・6**となる．2進数の補数には**2の補数**と**1の補数**の2種類がある．

2の補数は，n 桁の2進数を考えた場合，値を表現している数が桁上がりを生じるのに必要な最小の数である．4ビットで表現すると 2^4 通りの数値を表現できる

表 1・6 2 の補数と 1 の補数

10 進表現	2 の補数	1 の補数
7	0111	0111
6	0110	0110
5	0101	0101
4	0100	0100
3	0011	0011
2	0010	0010
1	0001	0001
0	0000	0000(0), 1111(−0)
−1	1111	1110
−2	1110	1101
−3	1101	1100
−4	1100	1011
−5	1011	1010
−6	1010	1001
−7	1001	1000
−8	1000	表現できない

が，最上位ビット（MSB）を符号ビットとして用いる補数表現では 8 以上の数値の表現は行わずに −8 から 7 までの 16 通りの数値を表現している．MSB が 0 のときは正の数，1 のときは負の数を表現している．

2 の補数は，n ビットで表現された元の数を X とすると，$2^n - X$ で求められる．MSB を 1 とし，その後ろに n 桁の 0 が続いた数値から値 X を引くことになるため，ちょうど X の n 桁の 0, 1 を反転させ，その値に 1 を加算した場合と同じになる．この様子を**図 1・10** に示す．また，2 の補数の補数を計算すると，補数をとる前の元の数に戻ることに注意されたい．n ビットで表現された 2 の補数 $X = (b_{n-1}, \ldots, b_1, b_0)$ の 10 進数への変換は，式 (1・7) で求めることができる．

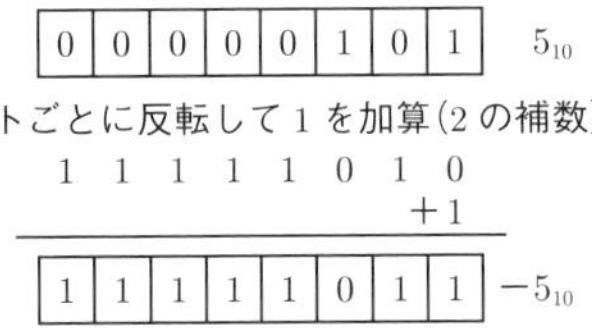

$$\boxed{0\ 0\ 0\ 0\ 0\ 1\ 0\ 1}\ 5_{10}$$

ビットごとに反転して 1 を加算（2 の補数）

$$\begin{array}{r} 1\ 1\ 1\ 1\ 1\ 0\ 1\ 0 \\ +1 \\ \hline \end{array}$$

$$\boxed{1\ 1\ 1\ 1\ 1\ 0\ 1\ 1}\ -5_{10}$$

図 1・10 2 の補数の求め方

$$X = -b_{n-1} \cdot 2^{n-1} + b_{n-2} \cdot 2^{n-2} + \cdots + b_1 \cdot 2^1 + b_0 \cdot 2^0 \qquad (1 \cdot 7)$$

1の補数は，n 桁の2進数で表現できる最大値 $(2^n - 1)$ を基準とし，その値から X を引いて負の数を表す補数表現である．1の補数も表1·6に示されている．1の補数では変換したい値 X のすべてのビットを0から1もしくは1から0に反転させることで，簡単に求めることができる．

論理回路では，システムによって2の補数が用いられたり1の補数が用いられたりしているため，負の数を表現するためにどちらの補数が使われているか注意を払う必要がある．本項では補数による負の数の表現について説明したが，最上位ビットを正負の符号に，それ以下で大きさを表現する絶対値表現，表現できる最小の数に0を割り当てる下駄履き表現などもある．

〔4〕2進数の加減算，オーバフロー

前項で説明した補数表現を使うことで，負の数を表現できるようになった．2の補数を使用する利点は，減算を加算と同様に演算できることである．まず，2進数の加算について説明する．2進数の加算は基本的には10進数の加算と同様であり，重みの小さいLSBから順に同じ重みを持つ桁どうしの加算を行い，桁あふれが起こった場合は，上位桁にあふれ分を加えることで加算の演算を行う．図1·11に2進数の加算の例を示す．

```
               桁上げ
    0 0 0 0  0 1 0 1    5_{10}
 +  0 0 0 0  1 1 1 1   15_{10}
  ─────────────────────
    0 0 0 1  0 1 0 0   20_{10}
```

図 1·11　2進数の加算

減算は，2の補数を使用することで実現できる．すでに負の数を2の補数で表現できることは説明したので，$x - y$ を実行することは $x + (-y)$ を実行することと同じである．減算を行う y の値の2の補数を計算し，補数化された y の値と x を加算することで $x - y$ の計算を行う．

加減算で注意しなければならないのは，計算結果が数値の表現できる範囲を超えてしまうために結果が正しい値にならない場合があることである．このように

結果が正しい値にならない場合，**オーバフロー**（overflow）が生じたという．例えば，2の補数で表現された二つの正の2進数の加算を行った結果が負になったとすると加算結果は正しくない．このような場合を，演算記号および加減算する数の符号で整理すると，オーバフローは**表 1·7**のような条件が成立した場合に起こる．表1.7のような条件が成立する場合は正しい演算結果となっていないため，論理回路では計算結果が正しくないことを示すオーバフローフラグを使って表示することが多い．

表 1·7 オーバフローの発生条件

演算	x	y	計算結果
加算 $(x+y)$	正	正	負
加算 $(x+y)$	負	負	正
減算 $(x-y)$	正	負	負
減算 $(x-y)$	負	正	正

例題 1·3

$5_{10} - 7_{10}$ を2の補数を使って計算せよ．

■答え

4ビットの2進数を使って表す．

$$5_{10} = 0101_2$$

$$7_{10} = 0111_2$$

まず，7_{10} の2の補数を求めると 1001_2 となる．次に加算の計算を行うと

$$0101_2 + 1001_2 = 1110_2$$

となる．1110_2 は MSB が1であり負の数である．また，その値を求めるため，再度2の補数を計算すると，絶対値は2とわかり，$1110_2 = -2_{10}$ であるので，正しく計算できていることがわかる．

例題 1・4

$5_{10} + 7_{10}$ を計算せよ．ただし，数値は 4 ビットで表現された 2 の補数表現と考えよ．

■答え

数値を 4 ビットの 2 の補数を使って表す．

$$5_{10} = 0101_2$$

$$7_{10} = 0111_2$$

計算結果は 1100_2 となる．2 進数の表現法が，補数表現だとするとこの値は $1100_2 = -4_{10}$ であるため，10 進数で加算を行った値 12_{10} と一致しない．これはオーバフローが起こっているためである．

〔5〕 2 進化 10 進数

表 1・8 のように 4 ビットの 2 進数を用いて 1 桁の 10 進数を表現する方法を 2 進化 10 進数（Binary Coded Decimal: BCD）と呼ぶ．2 進化 10 進数は 10 進数と同

表 1・8　2 進化 10 進数

2 進化 10 進数	10 進数
0000	0
0001	1
0010	2
0011	3
0100	4
0101	5
0110	6
0111	7
1000	8
1001	9
1010	使用しない
...	使用しない
1111	使用しない

様の計算を 2 進数を用いて行える利点があり，小数部を含む演算でも 10 進数と同じ精度で演算可能である．例えば 2 進法では 0.1_{10} を有限桁では表現できず，有限桁で打ち切った場合には誤差が生じるが，2 進化 10 進数では有限桁で表現可能である．ただし，10 進数 1 桁を表現するのに 4 ビットの 2 進数を使用するため，表現の効率が悪い．また 2 の補数表現ではオーバフローが起きない時は補正なしで結果が得られるのに対して，各 1 桁の演算結果が 10 を超えた場合は 2 進化 10 進では値の補正が必要になる．例えば $6_{10} + 7_{10}$ を計算する場合，2 進数のままでは $0110_2 + 0111_2 = 1101_2$ となるため，補正してその桁は 0011_2 に，そして上位桁（10^1 に相当する桁）に桁上がりを行う必要がある．詳細は，9·6 節で述べる．

演習問題

1 24 ビットの 2 進数を用いて表現できる数の最大値と最小値を考えよ．ただし，2 進数の表現としては 2 の補数表現を用いるものとする．

2 次の 2 進数，10 進数を相互に変換せよ．

0111.01_2 123.45_{10}

それぞれ正確に変換できているか．できていない場合はその理由について考察せよ．

3 次の 8 ビットの 2 進数を 10 進数に変換せよ．

01111111_2 11111111_2

また，それぞれ 8 進数，16 進数に変換せよ．

4 次の 10 進数を 2 の補数表現の 2 進数に変換せよ．

65535_{10}

また，最小何ビット必要になるか考えよ．

5 8 ビットの 2 の補数表現の 2 進数を使って次の計算を行え．

$39_{10} + 100_{10}$

結果を 10 進数の場合と比較し，値が正しいか確かめよ．正しくない場合はその理由について考察せよ．

Column 固定小数点

2進数でも小数点数を表現することができることはすでに説明したが，整数と同じフォーマットで，小数点位置を設定した表現を固定小数点と呼ぶ．固定小数点の例を図1·12に示す．

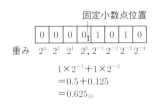

$1 \times 2^{-1} + 1 \times 2^{-3}$
$= 0.5 + 0.125$
$= 0.625_{10}$

図1·12 固定小数点

固定小数点形式は，ディジタル信号処理などの応用によっては頻繁に利用され，小数部の桁数を用いて，Q15のように小数点以下15ビットを表現することもある．

Column 浮動小数点

浮動小数点形式は，科学表記形式で数値を表現する方法で，例えば単位電荷 1.602176×10^{-19} C のような数値を 1.602176 の**仮数部** (significand) と 10^{-19} の**指数部** (exponent) で表現する．IEEE Std 754 の規格で表現される単精度浮動小数点の形式を図1·13に示す．

31	30 29...23	22 21 20...2 1 0
s	指数(E)	仮数($f_0 f_1 f_2 ... f_{23}$)

符号ビット

$(-1)^s \times (1 + f_1 \times 2^{-1} + f_2 \times 2^{-2} + \cdots + f_{23} \times 2^{-23}) \times 2^{E-127}$

図1·13 浮動小数点

2章 論理関数とブール代数

本章では，論理和（∨），論理積（·），排他的論理和（⊕），否定（¬）などからなる論理関数をどのように表現するかや，それらの論理関数の基本的な性質について説明する．また，ブール代数と呼ばれる0または1の値をもつ変数と論理演算子 ∨, ·, ¬ からなる論理演算について学ぶ．論理関数はコンピュータ内部の多くの演算を表現するために用いられており，コンピュータを理解するうえで重要な概念である．

2·1 論理関数

〔1〕論理関数の定義

1章で述べたように，コンピュータ内部では2進数が用いられ，論理和（∨），論理積（·），排他的論理和（⊕），否定（¬）など2値の論理演算子を用いることで，コンピュータ内部の演算など多くの演算を表現している．以下では，2値の変数を引数にした論理関数の性質を詳しく説明する．

（a） n 変数論理関数

V_1 を二つの元よりなる集合とする．その元を $0, 1$ で表す．$0, 1$ はそれぞれ

命題の偽（false），真（true）

ディジタル回路の低電位，高電位（正論理のとき）

高電位，低電位（負論理のとき）

を表す．正の整数 n に対して V_n を次のように定義する．

$$V_n = \{(a_{n-1}, \ldots, a_1, a_0) \mid a_i \in V_1 (0 \leq i \leq n-1)\}$$

集合 V_n は $(0, 0, \ldots, 0), (0, 0, \ldots, 1), \ldots, (1, 1, \ldots, 1)$ の 2^n 個の要素からなる．以下 V_n から V_1 への写像（mapping）f を n **変数論理関数**（または**ブール関数**（Boolean function））と呼び，その全体を β_n で表す．また，V_n から V_1 への写像 q を**述語**（predicate）という．$m \in V_n$ に対して，$q(m) = 1$ なら m に対し q

は真といい，$q(m) = 0$ なら m に対し q は偽という．

V_n 全域で関数値が 0（または 1）である関数（定数関数）を 0_n（または 1_n）で表す（単に 0, 1 で表すこともある）．V_n のある部分集合 Z（空でもよい）の元に対して f の値が定義されていないとき，f を**不完全に定義された論理関数**という．Z の元を禁止入力と呼んだり，f は Z の元に対して**ドントケア**（don't care）であるという．以下，不完全に定義された論理関数も含めた n 変数論理関数の全体を β'_n で表す．

例題 2・1

n 変数論理関数の数は合計で何個あるか，次の二つの場合について考えよ．
(i) β_n の場合
(ii) β'_n の場合

■答え

(i) β_n の場合：0, 1 の二つの元からなる n 字組 $(a_{n-1}, \ldots, a_1, a_0)$ は全部で 2^n 個存在し，各 $(a_{n-1}, \ldots, a_1, a_0)$ に対して $f(a_{n-1}, \ldots, a_1, a_0)$ の値は 0, 1 の二つずつあるので，n 変数論理関数の全体 β_n では合計 2^{2^n} 個の論理関数が存在する．

(ii) β'_n の場合：各 $(a_{n-1}, \ldots, a_1, a_0)$ に対して $f(a_{n-1}, \ldots, a_1, a_0)$ の値は 0, 1 とドントケア（以下 X と表記する）の三つあるので，β'_n では合計 3^{2^n} 個の論理関数が存在する．

（b） 論理関数の指定

n 変数論理関数 $f \in \beta_n$ を定めるには

$D_0(f) = \{(a_{n-1}, \ldots, a_1, a_0) \mid f(a_{n-1}, \ldots, a_1, a_0) = 0, (a_{n-1}, \ldots, a_1, a_0) \in V_n\}$

$D_1(f) = \{(a_{n-1}, \ldots, a_1, a_0) \mid f(a_{n-1}, \ldots, a_1, a_0) = 1, (a_{n-1}, \ldots, a_1, a_0) \in V_n\}$

を定義し，これを指定すればよい（どちらか一方のみを指定してもよい）．一方，f が不完全に定義されているときは，$D_0(f), D_1(f)$ を上と同様に定義し，$D_d(f)$ を

$D_d(f) = \{(a_{n-1}, \ldots, a_1, a_0) \mid f(a_{n-1}, \ldots, a_1, a_0)$ の値は定義されていない，
$(a_{n-1}, \ldots, a_1, a_0) \in V_n\}$

と定義し，$D_0(f), D_1(f), D_d(f)$ のうち少なくとも二つを指定すればよい．

上の $(a_{n-1},\ldots,a_1,a_0)$ を n 桁の 2 進数とみなして，その値を 10 進数で表現することもある．また，V_1 上の変数を論理変数，あるいは，2 値変数，ブール変数，または単に変数という．

〔2〕論理関数の表現

論理関数の表現法としていくつかの方法がある．

（a） 真理値表（関数値表，truth value table）

真理値表は，表 2·1 のような表形式で論理関数 $f(x_2, x_1, x_0)$ の値を指定する．ドントケア（don't care）のときは，$f(x_2, x_1, x_0)$ の欄に X（d や – でもよい）を書く．この表から $f(0,0,0), f(0,0,1), f(1,1,1)$ の値がそれぞれ $0, 1$，ドントケア（X）であることがわかる．表 2·1 の真理値表では，変数を x_2, x_1, x_0 のように降順に並べている．これは，以下で紹介するベクトル表現やオンセット表現，カルノー図を理解する際に，(x_2, x_1, x_0) を 3 ビットの 2 進数（x_2 が最上位，x_0 が最下位ビット）とみなすとその値が理解しやすくなったり，10 進数への変換が容易になったりするためである．一方，その必要がない場合などでは，表 2·3 のように変数を x_0, x_1, x_2 の昇順に並べて，$f(x_0, x_1, x_2)$ のように表記してもよい．一般に真理値表の変数の表記順は任意でよい．

表 2·1 真理値表

x_2	x_1	x_0	$f(x_2, x_1, x_0)$
0	0	0	0
0	0	1	1
0	1	0	1
0	1	1	X
1	0	0	1
1	0	1	0
1	1	0	0
1	1	1	X

（b） ベクトル表現，オフセット，オンセット

真理値表の値をベクトル表記したものを**ベクトル表現**と呼ぶ．例えば，表 2·1 の真理値表で表される論理関数 $f(x_2, x_1, x_0)$ のベクトル表現は次のとおりである．

$$f(x_2, x_1, x_0) = (0, 1, 1, X, 1, 0, 0, X)$$

また，上記の $D_0(f)$（f の値が 0 になる要素の集合），$D_1(f)$（f の値が 1 になる要素の集合）をそれぞれ**オフセット**（offset），**オンセット**（onset）と呼ぶ．例えば，表 2·1 の論理関数 $f(x_2, x_1, x_0)$ に対して

$$\mathrm{offset}(f) = \{(0,0,0), (1,0,1), (1,1,0)\}$$
$$\mathrm{onset}(f) = \{(0,0,1), (0,1,0), (1,0,0)\}$$

オンセットの集合は次のような 10 進数と Σ を用いて表現されることもあり，この表現を**オンセット表現**と呼ぶ．

$$f(x_2, x_1, x_0) = \Sigma(1, 2, 4)$$

（c） カルノー図（カルノー表，Karnaugh map）

カルノー図は米国ベル研究所のモーリス・カルノーが論理関数を簡単に表現するために考案した表現形式であり，図 2·1 のように，論理関数 $f(x_2, x_1, x_0)$, $g(x_3, x_2, x_1, x_0)$ の値をそれぞれ該当するマス目に記入する．例えば，$g(1, 1, 0, 0)$ の値は 1 である．ドントケアのときは，$g(1, 1, 1, 1)$ のように，該当するマス目に X（d や – でもよい）を書く．

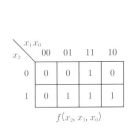

図 2·1 論理関数 f, g のカルノー図

論理関数の簡略化のため，カルノー図の行や列の値は $00, 01, 11, 10$ のように，各マス目の隣どうしの真偽値が一つだけ異なるように順番付けられている（3 変数でマス目の数が 8 個の場合は $000, 001, 011, 010, 110, 111, 101, 100$ のように並べる）．カルノー図を用いた論理関数の簡単化の方法については 5 章で詳しく説明する．

例題 2·2

表 2·1 の真理値表で表される論理関数 $f(x_2, x_1, x_0)$ のカルノー図を書け.

■答え

$x_2 \backslash x_1x_0$	00	01	11	10
0	0	1	X	1
1	1	0	X	0

図 2·2 表 2·1 の論理関数 $f(x_2, x_1, x_0)$ のカルノー図

（d） 合成関数としての表現

基本となる論理演算子を定め，それらの合成関数として論理関数を表現する．基本的な論理演算子としては1章で示した論理和（∨），論理積（·），排他的論理和（⊕），否定（¬）や**表 2·2** に示す論理演算子がある．含意 $x \supset y$ は x の値が1なら y の値も1であるときに $x \supset y$ の値が1になるような論理演算子である（x の値が0のときは y の値にかかわらず $x \supset y$ の値は1になる）．等価 $x \equiv y$ は x

表 2·2 1章で紹介した論理演算子（∨, ·, ⊕, ¬）以外の基本的な論理演算子

入力		出力	
x	y	$x \supset y$（または $x \to y$）	$x \equiv y$（または $x \iff y$, XNOR(x,y)）
0	0	1	1
0	1	1	0
1	0	0	0
1	1	1	1

入力		出力	
x	y	NAND(x,y) $(\overline{x \cdot y})$	NOR(x,y) $(\overline{x \vee y})$
0	0	1	1
0	1	1	0
1	0	1	0
1	1	0	0

と y の値が一致するとき $x \equiv y$ の値が 1 になる論理演算子である．NAND(x, y) は論理積（・）を否定したもの（$\overline{x \cdot y}$）であり，NOR(x, y) は論理和（∨）を否定したもの（$\overline{x \vee y}$）である．表 2·2 に示す論理演算子もよく用いられる．

合成関数の値は次のようなルールに基いて求められる．

(1) 基本となる論理演算子（基本関数）の意味は真理値表で定義されているとする．以下基本関数の集合を E で表す．各関数は下記の 3 通りとする（postfix タイプもあるがここでは考えない）．

   infix タイプ（・, ∨ など）
   prefix タイプ（¬ など）
   関数的タイプ（NAND, NOR など）

(2) n 変数 $X = x_0, x_1, \ldots, x_{n-1}$ および E 上の関数形を次のように定義する．

i) 各変数 x_i はそれ自身で関数形である．

ii) 定数関数 $0_n, 1_n$ はそれ自身で関数形である．

iii) op を infix タイプの関数とし，E_1, E_2 をそれぞれ関数形とする．このとき，$(E_1) \, op \, (E_2)$ は関数形である．

iv) op を prefix タイプの関数とし，E_1 を関数形とするとき，$op(E_1)$ は関数形である．

v) op を n 引数の関数的タイプの関数とし，$E_0, \ldots, E_{n-1}$ をそれぞれ関数形とする．このとき，$op(E_0, \ldots, E_{n-1})$ は関数形である．

vi) 上記 i)〜v) で得られるもののみが関数形である．

(3) $f(x_0, \ldots, x_{n-1})$ を n 変数の関数形とする．変数 $x_0, \ldots, x_{n-1}$ がそれぞれ値 $v_0, \ldots, v_{n-1}$ を取るときの関数形 f の値を $f(v_0, \ldots, v_{n-1})$ で表すと，$f(v_0, \ldots, v_{n-1})$ の値は，各変数にその値を代入し，f の最も"内側"の部分から基本関数の定義に従って評価したときの値とする．

例えば，$f(x_0, x_1, x_2) = (x_0 \cdot \overline{x_1}) \vee (x_1 \cdot x_2)$ が合成関数の例であり，表 2·3 に示すように $(x_0 \cdot \overline{x_1})$ と $(x_1 \cdot x_2)$ の値を基本関数・の定義に従って評価し，それらの値を基本関数 ∨ の定義に従って評価することで $f(x_0, x_1, x_2)$ の値が得られる．

注意 この本では演算の強さを ¬ > ・ > ∨ と決め，大きい方を先に計算し，曖昧さが生じない範囲でカッコ (,) を省略する．また各関数 f の引数は，$f(x_{n-1}, \ldots, x_1, x_0)$ のように降順に書いたり，$f(x_0, x_1, \ldots, x_{n-1})$ のように昇順に書いたりする．

図 2·3 は，論理和（∨），論理積（・），否定（¬）などの基本的な論理関数に相当す

表 2・3 合成関数 $f(x_0, x_1, x_2) = (x_0 \cdot \overline{x}_1) \vee (x_1 \cdot x_2)$ の値

入力			関数値		
x_0	x_1	x_2	$(x_0 \cdot \overline{x}_1)$	$(x_1 \cdot x_2)$	$f(x_0, x_1, x_2)$
0	0	0	0	0	0
0	0	1	0	0	0
0	1	0	0	0	0
0	1	1	0	1	1
1	0	0	1	0	1
1	0	1	1	0	1
1	1	0	0	0	0
1	1	1	0	1	1

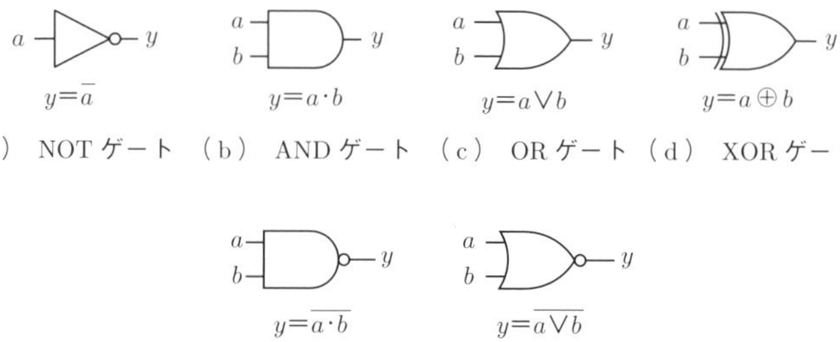

(a) NOT ゲート $y = \overline{a}$ 　(b) AND ゲート $y = a \cdot b$ 　(c) OR ゲート $y = a \vee b$ 　(d) XOR ゲート $y = a \oplus b$

(e) NAND ゲート $y = \overline{a \cdot b}$ 　(f) NOR ゲート $y = \overline{a \vee b}$

図 2・3 基本的な論理回路

る論理回路であり，その入力数を**ファンイン**（fan-in）という．ファンイン数の大きな論理回路は動作が遅くなったり不安定になったりするため，実際には使えないことが多い．このため，多くの論理回路のファンイン数は2〜4程度である．論理回路を多段に組み合わせて合成関数が表現できる．例えば，表2·3の論理関数は図2·3の論理回路を用いて図2·4のような2段回路で実現できる．論理回路

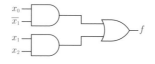

図 2・4 表2·3の論理関数 f の回路図表現

の実現法は 7 章でさらに詳しく議論する．

(e) 二分決定木（BDD）

二分決定木（あるいは二分決定図，Binary Decision Diagram（BDD））は，論理関数を簡潔に指定するためのグラフ表現法である．表 2·3 の論理関数 $f(x_0, x_1, x_2) = (x_0 \cdot \overline{x_1}) \vee (x_1 \cdot x_2)$ に対する二分決定木を図 2·5 に示す．根ノードから葉ノードまでノードに現れる変数の順序がどの経路でも同じである．葉ノード以外のノードには 0, 1 のラベルをもつ二つの枝があり，葉ノードには各変数 x_0, x_1, x_2 に 0, 1 を代入した時の論理関数 f の値が書かれている．図 2·5（1）の二分木（簡約前の二分木）に対して，次の二つの規則

（規則 1） 任意の同型なサブグラフを一つのグラフにマージする．
（規則 2） 二つの子ノード（枝）が共に同型であるノードを省略する．

を適用すると，図 2·5（2）のような二分木が得られ，これを既約な二分木（reduced BDD）と呼ぶ．論理関数 f では，変数 x_0, x_1 の値が 0, 1 の場合も 1, 1 の場合も共に変数 x_2 の値が 0, 1 のとき，論理関数 f の値が 0, 1 になる．このため，図 2·5（2）の二分木では，これらを一つのグラフにマージしている．また，変数 x_0, x_1 の値が 0, 0 の場合，変数 x_2 の値が 0 でも 1 でも論理関数 f の値が 0 になるので，図 2·5（2）の既約な二分木ではこれらの二つの子ノード（枝）を省略している．同様に変数 x_0, x_1 の値が 1, 0 の場合も変数 x_2 の値にかかわらず論理関数 f の値が 1 になるので，二つの子ノードを省略している．一般に二分決定木（BDD）といえば既約な二分決定木を指すことが多い．なお，同一の関数を表す二分決定木は

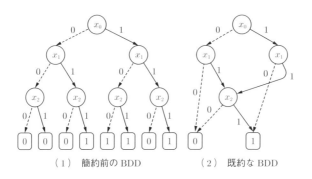

（1） 簡約前の BDD　　（2） 既約な BDD

図 2·5 二分決定木（BDD）

同一の木構造になり，論理関数の等価性判定などに用いられる．

2・2 ブール代数

〔1〕ブール代数の定義

要素の集合 V と二つの二項演算 $\vee, \cdot$ が次の公理を満たすとき，それらを**ブール代数**と呼ぶ（ただし，ここでの演算の強さは $\neg > \cdot > \vee$ の順であるとする）．

i) 二項演算 $\vee, \cdot$ と $x, y \in V$ に対して，次の交換則が成り立つ．

    1. $x \vee y = y \vee x$ かつ $1_d.$ $x \cdot y = y \cdot x$

ii) 二項演算 $\vee, \cdot$ と $x, y, z \in V$ に対して，次の分配則が成り立つ．

    2. $x \cdot (y \vee z) = x \cdot y \vee x \cdot z$ かつ $2_d.$ $x \vee y \cdot z = (x \vee y) \cdot (x \vee z)$

iii) 二項演算 $\vee, \cdot$ に関する恒等元 $0, 1$ がそれぞれ存在する．すなわち，$x \in V$ に対して，次の性質が成り立つ元 $0, 1$ が存在する．

    3. $x \vee 0 = x$ かつ $3_d.$ $x \cdot 1 = x$

iv) 各要素 $x \in V$ に対して，次の性質が成り立つ元 $\overline{x} \in V$ が存在する．

    4. $x \vee \overline{x} = 1$ かつ $4_d.$ $x \cdot \overline{x} = 0$

ブール代数の定義は色々あるが，ここでは上記の定義を採用する．

〔2〕ブール代数の性質

以下では，集合 V として二つの元 $0, 1$ のみからなるブール代数を考える．このとき，上記のブール代数の定義で示した $1. \sim 4.$，$1_d. \sim 4_d.$ の公理に加えて，次の性質が成り立つ．以降，これらの性質を**基本恒等式**と呼ぶ．

  5. $x \vee x = x$ $5_d.$ $x \cdot x = x$ べき等則

  6. $x \vee 1 = 1$ $6_d.$ $x \cdot 0 = 0$

  7. $\overline{(\overline{x})} = x$

  8. $x \vee x \cdot y = x$ $8_d.$ $x \cdot (x \vee y) = x$ 吸収則

  9. $x \vee (y \vee z) = (x \vee y) \vee z$ $9_d.$ $x \cdot (y \cdot z) = (x \cdot y) \cdot z$ 結合則

例えば，性質 5. のべき等則は以下のように証明できる．

$\quad x \vee x = (x \vee x) \cdot 1$ 公理 $3_d.$

$\quad\quad\quad\; = (x \vee x) \cdot (x \vee \overline{x})$ 公理 4.

$\quad\quad\quad\; = x \vee (x \cdot \overline{x})$ 公理 $2_d.$

$\quad = x \vee 0 \quad$ 公理 4_d.
$\quad = x \quad$ 公理 3.

一方,性質 5_d. のべき等則は以下のように証明できる.

$x \cdot x = (x \cdot x) \vee 0 \quad$ 公理 3.
$\quad = (x \cdot x) \vee (x \cdot \overline{x}) \quad$ 公理 4_d.
$\quad = x \cdot (x \vee \overline{x}) \quad$ 公理 2.
$\quad = x \cdot 1 \quad$ 公理 4.
$\quad = x \quad$ 公理 3_d.

公理や基本恒等式の N と N_d を**双対**な性質と呼び,ある式 N(あるいは N_d)が成り立てば,その式中の $\vee, \cdot, 0, 1$ をそれぞれ $\cdot, \vee, 1, 0$ に置き換えた式も等式として成り立つ.また,それらの式が成り立つことを証明する場合,上記のべき等則の証明の例のように,双対な公理(あるいはそれまでに証明した基本恒等式)を適用すれば,もう一方の性質も同じように証明できる(詳しくは 4·3 節,4·4 節参照).

〔3〕ブール代数の論理式の簡単化

上で紹介したブール代数の公理や基本恒等式を用いると,与えられたブール代数の論理式を簡単化することができる.例えば,次の二つの性質が成り立つ.

(1) $x \vee x \cdot y \vee x \cdot y \cdot z = x \quad$ (基本恒等式 8. より)
(2) $x \cdot y \cdot z \vee x \cdot \overline{y} \cdot z = x \cdot z \cdot (y \vee \overline{y}) = x \cdot z \quad$ (公理 1_d., 2., 4., 3_d. より)

例題 2·3

次の二つの性質が成り立つことを証明せよ.

(A) $(x \vee y) \cdot (x \vee z) = x \vee y \cdot z$
(B) $(x \vee y) \cdot (x \vee z) \cdot (x \vee w) = x \vee y \cdot z \cdot w$

■答え

(A) $(x \vee y) \cdot (x \vee z) = x \vee x \cdot (y \vee z) \vee y \cdot z = x \vee y \cdot z$
(B) $(x \vee y) \cdot (x \vee z) \cdot (x \vee w) = (x \vee y \cdot z) \cdot (x \vee w) = x \vee y \cdot z \cdot w$

〔4〕ド・モルガンの法則

二つの元 $0, 1$ のみからなるブール代数において,次の性質が成り立つ.この性質を**ド・モルガンの法則**(De Morgan's laws),あるいはド・モルガン則と呼ぶ.

(1) $\overline{x \vee y} = \overline{x} \cdot \overline{y}$

(2) $\overline{x \cdot y} = \overline{x} \vee \overline{y}$

この法則は次のような n 変数でも成り立つ.

(1_n) $\overline{x_0 \vee x_1 \vee \ldots \vee x_{n-1}} = \overline{x_0} \cdot \overline{x_1} \cdot \ldots \cdot \overline{x_{n-1}}$

(2_n) $\overline{x_0 \cdot x_1 \cdot \ldots \cdot x_{n-1}} = \overline{x_0} \vee \overline{x_1} \vee \ldots \vee \overline{x_{n-1}}$

(証明) n に関する**数学的帰納法**で証明する.

基底段階 $n = 2$ のときは,x, y に $0, 1$ のすべての組合せを代入すればよい.

帰納段階 $n = k$ のとき,例えば,(1_k) $\overline{x_0 \vee x_1 \vee \ldots \vee x_{k-1}} = \overline{x_0} \cdot \overline{x_1} \cdot \ldots \cdot \overline{x_{k-1}}$ が成り立つと仮定する.このとき

$$\overline{x_0 \vee x_1 \vee \ldots \vee x_{k-1} \vee x_k}$$
$$= \overline{(x_0 \vee x_1 \vee \ldots \vee x_{k-1})} \cdot \overline{x_k}$$
$$= \overline{x_0} \cdot \overline{x_1} \cdot \ldots \cdot \overline{x_{k-1}} \cdot \overline{x_k}$$

よって,$n = k+1$ のときも (1_{k+1}) が成り立つ.(2_n) の証明も同様.(証明終わり)

〔5〕排他的論理和(XOR,$\oplus$)の性質

表 2·4 に示すように,排他的論理和(XOR,$\oplus$)は x と y の一方のみが 1 のとき(x と y の値が異なるとき)1 になる関数であり,次のような性質が成り立つ.

i) 交換則

$$x \oplus y = y \oplus x$$

表 2·4 排他的論理和($\oplus$)の真理値表

x	y	$x \oplus y$
0	0	0
0	1	1
1	0	1
1	1	0

ii) 結合律
$$(x \oplus y) \oplus z = x \oplus (y \oplus z)$$
iii) 論理積（·）演算との分配律
$$x \cdot (y \oplus z) = x \cdot y \oplus x \cdot z$$
iv) 零元，単位元との演算
$$x \oplus 0 = 0 \oplus x = x$$
$$x \oplus 1 = 1 \oplus x = \overline{x}$$
v) 自分自身との演算
$$x \oplus x = 0$$
$$x \oplus \overline{x} = 1$$
v) 否定（¬）演算との関係
$$\overline{x \oplus y} = \overline{x} \oplus y = x \oplus \overline{y}$$

一般に，n 個の変数の排他的論理和 $x_1 \oplus x_2 \oplus \cdots \oplus x_n$ の値は，$x_1, \ldots, x_n$ の 1 の数が奇数のときは 1 になり，偶数のときは 0 になる．

例題 2・4

論理関数 $f(x, y, z) = x \oplus y \oplus z$ の真理値表を求めよ．

■答え

まず $w = x \oplus y$ の真理値表を求め，次に $w \oplus z$ の真理値表を求めればよい．表 2·5 にそれらの真理値表を示す．

排他的論理和は，データ通信や暗号の分野でよく用いられる．例えば，データ $(x_0, x_1, x_2, x_3) = (0, 1, 1, 1)$ を遠隔のコンピュータに転送する際に，転送エラーでデータの一部が 0 から 1 に変わったり 1 から 0 に変わったりする場合がある．8·5 節で詳しく説明するが，そのような場合，パリティビット（parity bit）と呼ばれるビットを付加して転送誤りを検出する手法が用いられる．例えば，転送データ $(0, 1, 1, 1)$ の 1 の個数が必ず偶数になるように転送データの最後に 1 ビットのパリティビット p（この場合 $p = 1$）を付与して，$(0, 1, 1, 1, 1)$ のようなビット列を転

表 2・5			$x \oplus y$ と $(x \oplus y) \oplus z$ の真理値表	
x	y	z	$x \oplus y$	$(x \oplus y) \oplus z$
0	0	0	0	0
0	0	1	0	1
0	1	0	1	1
0	1	1	1	0
1	0	0	1	1
1	0	1	1	0
1	1	0	0	0
1	1	1	0	1

送する方法がある．受信側で受信データの1の数をカウントして，奇数なら転送エラーが発生したと判断する．この方法で1ビットの転送エラーを検出できる．

また図2·6のように，転送データ $(0,1,1,1)$ と同じビット長の秘密鍵（例えば $(1,1,0,0)$ とする）を作り，ビットごとに両者の排他的論理和を取って暗号文を作ると，秘密鍵を知らない人は暗号文から元の転送データを推定することが難しい．一方秘密鍵を知っている人は，暗号文と秘密鍵の各ビットの排他的論理和をとると，復号データは元の転送データに一致する．この方法で秘密鍵を知っている人だけが容易に転送データを復号できるようになる．これは転送データの各ビット x_i と暗号文の各ビット y_i の排他的論理和をとったもの $(x_i \oplus y_i)$ に対して，もう一度暗号文の各ビット y_i との排他的論理和をとると $x_i \oplus y_i \oplus y_i = x_i$ となり，元の転送データのビット x_i が得られることによる．

転送データ	0, 1, 1, 1	受信データ	1, 0, 1, 1	排他的論理和 $\oplus$
秘密鍵	1, 1, 0, 0	秘密鍵	1, 1, 0, 0	
暗号文	1, 0, 1, 1	復号データ	0, 1, 1, 1	

図 2・6　排他的論理和を使った暗号化

〔6〕恒真性，充足可能性

（a） 恒真性

n 変数論理関数 $f(x_0,\ldots,x_{n-1})$ に対して

$$\forall x_0, \ldots, x_{n-1} f(x_0, \ldots, x_{n-1})$$

が真のとき，すなわち，V_n に属する任意の値 $(v_0, \ldots, v_{n-1})$ を変数 $x_0, \ldots, x_{n-1}$ に代入した式 $f(v_0, \ldots, v_{n-1})$ の値が常に真であるとき，論理関数 $f(x_0, \ldots, x_{n-1})$ は**恒真**（valid）であるという．

（b） 充足可能性

n 変数論理関数 $f(x_0, \ldots, x_{n-1})$ に対して

$$\exists x_0, \ldots, x_{n-1} f(x_0, \ldots, x_{n-1})$$

が真のとき，すなわち，ある値 $(v_0, \ldots, v_{n-1}) \in V_n$ に対して，式 $f(v_0, \ldots, v_{n-1})$ の値が真であるとき，論理関数 $f(x_0, \ldots, x_{n-1})$ は**充足可能**（satisfiable）であるという．また，そのような値が存在しないとき，すなわち

$$\neg(\exists x_0, \ldots, x_{n-1} f(x_0, \ldots, x_{n-1}))$$

が真のとき，$f(x_0, \ldots, x_{n-1})$ は**充足不能**（unsatisfiable）であるという．

演習問題

1 図 2·1 の論理関数 $g(x_3, x_2, x_1, x_0)$ の真理値表を記述せよ．

2 次の論理関数のカルノー図を記述せよ．
$$f(x_0, x_1, x_2, x_3) = ((\overline{x}_0 \cdot x_3) \oplus x_1) \vee (x_3 \cdot (\overline{x_0 \cdot x_2}))$$

ただし，$(x_1 \cdot \overline{x}_2 \cdot x_3) \vee (x_0 \cdot \overline{x}_1 \cdot x_2 \cdot \overline{x}_3)$ を 1 にする変数の組はドントケアとする．

3 基本恒等式が成り立つことを用いて，次の定理が成り立つことを証明せよ．

$(N)\ x \vee \overline{x} \cdot y = x \vee y \qquad (N_d)\ x \cdot (\overline{x} \vee y) = x \cdot y$

4 次の式を簡単化せよ．
$$x \cdot y \oplus x \cdot \overline{y} \cdot z \oplus x \cdot \overline{y} \cdot \overline{z}$$

3章 論理関数の標準形

一般に n 変数論理関数を表現する方法は複数存在するが，その標準形（積和標準形，和積標準形）はそれぞれ一意に表現することができる．本章では，与えられた論理関数の標準形を求める方法について学ぶ．

3・1 積和形と和積形

n 変数論理関数 $f(x_0, \ldots, x_{n-1})$ の各変数 x_i 及びその否定 $\overline{x}_i$ を**リテラル**（literal）と呼ぶ．また，変数 x_i および $a \in \{0,1\}$ に対し

$$x_i^a = x_i \quad a = 1 \text{ のとき}$$
$$ = \overline{x}_i \quad a = 0 \text{ のとき}$$

と定義する．各変数のリテラルを高々一つしか含まない論理積

$$x_{i_0}^{a_{i_0}} x_{i_1}^{a_{i_1}} \ldots x_{i_{r-1}}^{a_{i_{r-1}}} \quad (0 \leq i_0 < i_1 < \ldots < i_{r-1} \leq n, \text{各 } a_{i_j} \in \{0,1\})$$

を**積項**（product term）あるいは単に**項**（term）という（論理積の記号・を省略している）．ここで表される関数は，$x_{i_0} = a_{i_0}, x_{i_1} = a_{i_1}, \ldots, x_{i_{r-1}} = a_{i_{r-1}}$ のときのみ 1 でそれ以外では 0 であり，その値は $x_{i_0}, \ldots, x_{i_{r-1}}$ 以外の変数の値には依存しない．積項の論理和を**積和形**（sum of products, disjunctive form）という．例えば，$\overline{x}_0 x_2 \overline{x}_3$ は積項で，$\overline{x}_0 x_2 \overline{x}_3 \vee x_0 x_1 x_2$ は積和形である．

同様に，各変数のリテラルを高々一つしか含まない論理和

$$x_{i_0}^{a_{i_0}} \vee x_{i_1}^{a_{i_1}} \vee \ldots \vee x_{i_{r-1}}^{a_{i_{r-1}}} \quad (0 \leq i_0 < i_1 < \ldots < i_{r-1} \leq n, \text{各 } a_{i_j} \in \{0,1\})$$

を**和項**（alterm）という．ここで表される関数は，$x_{i_0} = \overline{a}_{i_0}, x_{i_1} = \overline{a}_{i_1}, \ldots, x_{i_{r-1}} = \overline{a}_{i_{r-1}}$ のときのみ 0 でそれ以外では 1 であり，その値は $x_{i_0}, \ldots, x_{i_{r-1}}$ 以外の変数の値には依存しない．和項の論理積を**和積形**（product of sums, conjunctive form）という．例えば $\overline{x}_0 \vee x_2 \vee x_3$ は和項で，$(\overline{x}_0 \vee x_2 \vee x_3) \cdot (x_0 \vee x_1)$ は和積形である．

積和形や和積形で表される関数は，論理和（$\vee$）や論理積（$\cdot$）を用いた合成関数である．

3・2 標　準　形

〔1〕最小項と積和標準形

　変数 $x_0, \ldots, x_{n-1}$ からなる n 変数論理関数において，n 個のリテラルの論理積で各変数のリテラルが 1 個づつ含まれているような積項を**最小項**（minterm）という．最小項は真理値表の一つの行，カルノー図の一つのマス目に相当する．n 変数論理関数の場合，全部で 2^n 個の最小項が存在する．例えば 4 変数のとき，$\overline{x}_0 x_1 x_2 \overline{x}_3$ は 2^4 個ある最小項の一つである．最小項のみを用いた積和形を**積和標準形**（canonical sum of products, disjunctive normal form（DNF）），あるいは，和標準形という．例えば下記は積和標準形（和標準形）の例である．積和標準形（和標準形）は一意に定まる．

$$x_0 x_1 x_2 x_3 \vee \overline{x}_0 x_1 x_2 \overline{x}_3 \vee \overline{x}_0 \overline{x}_1 x_2 \overline{x}_3$$

〔2〕最大項と和積標準形

　変数 $x_0, \ldots, x_{n-1}$ からなる n 変数論理関数において，n 個のリテラルの論理和で各変数のリテラルが 1 個づつ含まれているような和項を**最大項**（maxterm）という．n 変数の場合，全部で 2^n 個の最大項が存在する．例えば 4 変数のとき，$\overline{x}_0 \vee x_1 \vee x_2 \vee \overline{x}_3$ は 2^4 個ある最大項の一つである．最大項のみを用いた和積形を**和積標準形**（canonical product of sums, conjunctive normal form（CNF）），あるいは，積標準形という．例えば下記は和積標準形（積標準形）の例である．和積標準形（積標準形）は一意に定まる．

$$(x_0 \vee x_1 \vee x_2 \vee x_3) \cdot (\overline{x}_0 \vee x_1 \vee x_2 \vee \overline{x}_3) \cdot (\overline{x}_0 \vee \overline{x}_1 \vee x_2 \vee \overline{x}_3)$$

3・3 シャノン展開

〔1〕最小項展開

　一般に，任意の n 変数論理関数 $f(x_0, \ldots, x_{n-1})$ は，一意的に最小項のみを用いた積和形（積和標準形）で表すことができ，これを論理関数 f の**最小項展開**（minterm expansion）と呼ぶ．例えば，$f(x_0, x_1) = x_0 \oplus x_1$ なら，排他的論理和 $\oplus$ の真理値表より，$f(0,0) = 0, f(0,1) = 1, f(1,0) = 1, f(1,1) = 0$ である．2 変

数論理関数 $f(x_0, x_1)$ を最小項 $\overline{x}_0\overline{x}_1, \overline{x}_0 x_1, x_0\overline{x}_1, x_0 x_1$ を用いて表現すると

$$f(x_0, x_1) = g_{00} \cdot \overline{x}_0\overline{x}_1 \vee g_{01} \cdot \overline{x}_0 x_1 \vee g_{10} \cdot x_0\overline{x}_1 \vee g_{11} \cdot x_0 x_1$$

となる.定数 $g_{00}, g_{01}, g_{10}, g_{11}$ の値は $f(x_0, x_1)$ の変数 x_0, x_1 に $0, 1$ のすべての組合せを代入することで

$$g_{00} = f(0,0),\ g_{01} = f(0,1),\ g_{10} = f(1,0),\ g_{11} = f(1,1)$$

となることがわかる.したがって,$f(x_0, x_1)$ は次のように最小項展開できる.

$$\begin{aligned} f(x_0, x_1) &= f(0,0) \cdot \overline{x}_0\overline{x}_1 \vee f(0,1) \cdot \overline{x}_0 x_1 \vee f(1,0) \cdot x_0\overline{x}_1 \vee f(1,1) \cdot x_0 x_1 \\ &= 0 \cdot \overline{x}_0\overline{x}_1 \vee 1 \cdot \overline{x}_0 x_1 \vee 1 \cdot x_0\overline{x}_1 \vee 0 \cdot x_0 x_1 \\ &= \overline{x}_0 x_1 \vee x_0 \overline{x}_1 \end{aligned}$$

(a) n 変数論理関数の最小項展開

一般に任意の n 変数論理関数 $f(x_0, \ldots, x_{n-1})$ は次のように最小項展開できる.

$$f(x_0, \ldots, x_{n-1}) = \bigvee\nolimits_{(a_0, \ldots, a_{n-1}) \in V_n} f(a_0, \ldots, a_{n-1}) x_0^{a_0} x_1^{a_1} \ldots x_{n-1}^{a_{n-1}}$$

ここで,$\bigvee_{(a_0, \ldots, a_{n-1}) \in V_n}$ は V_n に含まれるすべての $(a_0, \ldots, a_{n-1})$ の組に対する論理和を表し,ある $(a'_0, \ldots, a'_{n-1})$ の組に対して $f(a'_0, \ldots, a'_{n-1}) = 1$ なら,積項 $f(a'_0, \ldots, a'_{n-1}) x_0^{a'_0} x_1^{a'_1} \ldots x_{n-1}^{a'_{n-1}}$ は $x_0^{a'_0} x_1^{a'_1} \ldots x_{n-1}^{a'_{n-1}}$ となり,$f(a'_0, \ldots, a'_{n-1}) = 0$ なら,積項 $f(a'_0, \ldots, a'_{n-1}) x_0^{a'_0} x_1^{a'_1} \ldots x_{n-1}^{a'_{n-1}}$ は 0 となり,それらは論理和をとると最小項展開に現れずに消えてしまう.この方法で真理値表から最小項展開を求めることができる.なお,$f(x_0, \ldots, x_{n-1})$ が恒等的に 0 であるとき,最小項展開は 0 である.

一般に,$x_1 \vee x_2$ と $x_1\overline{x}_2 \vee x_2$ のように,二つの異なる積和形が同じ論理関数を表すことがあるが,最小項展開すると同じ積和標準形

$$x_1 \overline{x}_2 \vee \overline{x}_1 x_2 \vee x_1 x_2$$

が得られる.このように,一つの論理関数の最小項展開は一意に定まる.

例題 3・1

表 2·3 の論理関数 $f(x_0, x_1, x_2)$ の最小項展開を求めよ.

■答え

論理関数 $f(x_0, x_1, x_2)$ の値が 1 になるのは,変数の組 (x_0, x_1, x_2) の値が

$(0, 1, 1)$, $(1, 0, 0)$, $(1, 0, 1)$, $(1, 1, 1)$ の四つである．このため，$f(x_0, x_1, x_2)$ は次のように最小項展開できる．

$$f(x_0, x_1, x_2) = f(0,0,0) \cdot \overline{x}_0 \overline{x}_1 \overline{x}_2 \vee \ldots \vee f(1,1,1) \cdot x_0 x_1 x_2$$
$$= 0 \cdot \overline{x}_0 \overline{x}_1 \overline{x}_2 \vee \ldots \vee 1 \cdot x_0 x_1 x_2$$
$$= \overline{x}_0 x_1 x_2 \vee x_0 \overline{x}_1 \overline{x}_2 \vee x_0 \overline{x}_1 x_2 \vee x_0 x_1 x_2$$

〔2〕最大項展開

一般に任意の n 変数論理関数 $f(x_1, \ldots, x_{n-1})$ は，最大項のみを用いた和積形（和積標準形）で一意に表せ，これを論理関数 f の**最大項展開** (maxterm expansion) と呼ぶ．例えば，$f(x_0, x_1) = x_0 \oplus x_1$ なら $f(x_0, x_1)$ の最大項展開は

$$f(x_0, x_1) = (g_{00} \vee x_0 \vee x_1) \cdot (g_{01} \vee x_0 \vee \overline{x}_1)$$
$$\cdot (g_{10} \vee \overline{x}_0 \vee x_1) \cdot (g_{11} \vee \overline{x}_0 \vee \overline{x}_1)$$

となる．定数 $g_{00}, g_{01}, g_{10}, g_{11}$ の値は $f(x_0, x_1)$ の変数 x_0, x_1 に 0, 1 のすべての組合せを代入することで

$$g_{00} = f(0, 0), \ g_{01} = f(0, 1), \ g_{10} = f(1, 0), \ g_{11} = f(1, 1)$$

となることがわかる．したがって，$f(x_0, x_1)$ は次のように最大項展開できる．

$$f(x_0, x_1) = (f(0,0) \vee x_0 \vee x_1) \cdot (f(0,1) \vee x_0 \vee \overline{x}_1)$$
$$\cdot (f(1,0) \vee \overline{x}_0 \vee x_1) \cdot (f(1,1) \vee \overline{x}_0 \vee \overline{x}_1)$$
$$= (0 \vee x_0 \vee x_1) \cdot (1 \vee x_0 \vee \overline{x}_1) \cdot (1 \vee \overline{x}_0 \vee x_1) \cdot (0 \vee \overline{x}_0 \vee \overline{x}_1)$$
$$= (x_0 \vee x_1) \cdot (\overline{x}_0 \vee \overline{x}_1)$$

（a） n 変数論理関数の最大項展開

一般に，任意の n 変数論理関数 $f(x_0, \ldots, x_{n-1})$ は次のように最大項展開できる．

$$f(x_0, \ldots, x_{n-1}) = \bigwedge\nolimits_{(a_0, \ldots, a_{n-1}) \in V_n} (f(a_0, \ldots, a_{n-1}) \vee x_0^{\overline{a}_0} \vee x_1^{\overline{a}_1} \vee \ldots \vee x_{n-1}^{\overline{a}_{n-1}})$$

ここで，$\bigwedge_{(a_0, \ldots, a_{n-1}) \in V_n}$ は V_n に含まれるすべての $(a_0, \ldots, a_{n-1})$ の組に対する論理積を表し，ある $(a'_0, \ldots, a'_{n-1})$ の組に対して $f(a'_0, \ldots, a'_{n-1}) = 0$ なら，和

項 $(f(a'_0,\ldots,a'_{n-1}))\vee x_0^{\overline{a'}_0}\vee x_1^{\overline{a'}_1}\vee,\ldots,\vee x_{n-1}^{\overline{a'}_{n-1}})$ は $(x_0^{\overline{a'}_0}\vee x_1^{\overline{a'}_1}\vee,\ldots,\vee x_{n-1}^{\overline{a'}_{n-1}})$ となり，$f(a'_0,\ldots,a'_{n-1})=1$ なら，和項 $(f(a'_0,\ldots,a'_{n-1}))\vee x_0^{\overline{a'}_0}\vee x_1^{\overline{a'}_1}\vee,\ldots,\vee x_{n-1}^{\overline{a'}_{n-1}})$ は 1 となり，それらは論理積をとると最大項展開に現れずに消えてしまう．

この方法で真理値表から最大項展開を求められる．また，$f(x_0,\ldots,x_{n-1})$ が恒等的に 1 であるとき，最大項展開は 1 である．なお最小項展開においては $\overline{x}_0 x_1$ の係数は $f(0,1)$ であるが，最大項展開では $x_0\vee\overline{x}_1$ の係数が $f(0,1)$ となる．すなわち，最小項展開の場合 $1,0$ がそれぞれ肯定変数と否定変数に対応するのに対し，最大項展開の場合 $1,0$ がそれぞれ否定変数と肯定変数に対応する．

例題 3・2

表 2·3 の論理関数 $f(x_0,x_1,x_2)$ の最大項展開を求めよ．

■答え

論理関数 $f(x_0,x_1,x_2)$ の値が 0 になるのは，(x_0,x_1,x_2) の値が $(0,0,0), (0,0,1), (0,1,0), (1,1,0)$ の四つであり，$f(x_0,x_1,x_2)$ は次のように最大項展開できる．

$$f(x_0,x_1,x_2) = (f(0,0,0)\vee x_0\vee x_1\vee x_2)\cdot\ldots\cdot(f(1,1,1)\vee\overline{x}_0\vee\overline{x}_1\vee\overline{x}_2)$$
$$= (0\vee x_0\vee x_1\vee x_2)\cdot\ldots\cdot(1\vee\overline{x}_0\vee\overline{x}_1\vee\overline{x}_2)$$
$$= (x_0\vee x_1\vee x_2)\cdot(x_0\vee x_1\vee\overline{x}_2)\cdot(x_0\vee\overline{x}_1\vee x_2)\cdot(\overline{x}_0\vee\overline{x}_1\vee x_2)$$

（別解）

論理関数 $f(x_0,x_1,x_2)$ の否定 $\overline{f(x_0,x_1,x_2)}$ の最小項展開を求める．$\overline{f(x_0,x_1,x_2)}$ の値が 1 になるのは，$f(x_0,x_1,x_2)$ の値が 0 になるのと同じであるので，(x_0,x_1,x_2) の値が $(0,0,0), (0,0,1), (0,1,0), (1,1,0)$ の四つである．このため，$\overline{f(x_0,x_1,x_2)}$ は次のように最小項展開できる．

$$\overline{f(x_0,x_1,x_2)} = (f(0,0,0)\cdot\overline{x}_0\cdot\overline{x}_1\cdot\overline{x}_2)\vee\ldots\vee(f(1,1,1)\cdot x_0\cdot x_1\cdot x_2)$$
$$= (\overline{x}_0\cdot\overline{x}_1\cdot\overline{x}_2)\vee(\overline{x}_0\cdot\overline{x}_1\cdot x_2)\vee(\overline{x}_0\cdot x_1\cdot\overline{x}_2)\vee(x_0\cdot x_1\cdot\overline{x}_2)$$

両辺を否定すると，

$$f(x_0,x_1,x_2) = (x_0\vee x_1\vee x_2)\cdot(x_0\vee x_1\vee\overline{x}_2)\cdot(x_0\vee\overline{x}_1\vee x_2)\cdot(\overline{x}_0\vee\overline{x}_1\vee x_2)$$

〔3〕**シャノン展開**

一般に，任意の n 変数論理関数 $f(x_0, \ldots, x_{n-1})$ は次のように展開できる．

$$f(x_0, x_1, \ldots, x_{n-1}) = \overline{x}_0 \cdot f(0, x_1, \ldots, x_{n-1}) \vee x_0 \cdot f(1, x_1, \ldots, x_{n-1})$$

この式は**シャノン展開**（Shannon's expansion）と呼ばれる．シャノン展開が正しいことは，$x_0 = 0$ のときと，$x_0 = 1$ のときの両方の場合について，両辺を比較することで確かめられる．シャノン展開を 1 回行うことで，n 変数論理関数を 2 つの $(n-1)$ 変数論理関数の合成関数に展開できる．得られた二つの $(n-1)$ 変数論理関数をさらにシャノン展開することで，$(n-2)$ 変数論理関数の合成関数に展開できる．この手順を n 回繰り返すことで，最小項展開が得られる．

例：
$$\begin{aligned}
f(x_0, x_1, x_2) &= \overline{x}_0 \cdot f(0, x_1, x_2) \vee x_0 \cdot f(1, x_1, x_2) \\
&= \overline{x}_0 \cdot (\overline{x}_1 \cdot f(0, 0, x_2) \vee x_1 \cdot f(0, 1, x_2)) \\
&\quad \vee x_0 \cdot (\overline{x}_1 \cdot f(1, 0, x_2) \vee x_1 \cdot f(1, 1, x_2)) \\
&= \overline{x}_0 \cdot \{\overline{x}_1 \cdot (\overline{x}_2 \cdot f(0, 0, 0) \vee x_2 \cdot f(0, 0, 1)) \\
&\qquad \vee x_1 \cdot (\overline{x}_2 \cdot f(0, 1, 0) \vee x_2 \cdot f(0, 1, 1))\} \\
&\quad \vee x_0 \cdot \{\overline{x}_1 \cdot (\overline{x}_2 \cdot f(1, 0, 0) \vee x_2 \cdot f(1, 0, 1)) \\
&\qquad \vee x_1 \cdot (\overline{x}_2 \cdot f(1, 1, 0) \vee x_2 \cdot f(1, 1, 1))\} \\
&= f(0, 0, 0) \cdot \overline{x}_0 \overline{x}_1 \overline{x}_2 \vee f(0, 0, 1) \cdot \overline{x}_0 \overline{x}_1 x_2 \vee f(0, 1, 0) \cdot \overline{x}_0 x_1 \overline{x}_2 \vee \\
&\quad f(0, 1, 1) \cdot \overline{x}_0 x_1 x_2 \vee f(1, 0, 0) \cdot x_0 \overline{x}_1 \overline{x}_2 \vee f(1, 0, 1) \cdot x_0 \overline{x}_1 x_2 \vee \\
&\quad f(1, 1, 0) \cdot x_0 x_1 \overline{x}_2 \vee f(1, 1, 1) \cdot x_0 x_1 x_2
\end{aligned}$$

同様に，論理積と論理和を交換した次のようなシャノン展開も成り立つ．

$$f(x_0, x_1, \ldots, x_{n-1}) = (x_0 \vee f(0, x_1, \ldots, x_{n-1})) \cdot (\overline{x}_0 \vee f(1, x_1, \ldots, x_{n-1}))$$

このシャノン展開をもとに，与えられた論理関数の最大項展開が得られる．

例：
$$\begin{aligned}
f(x_0, x_1, x_2) &= (x_0 \vee f(0, x_1, x_2)) \cdot (\overline{x}_0 \vee f(1, x_1, x_2)) \\
&= \ldots \ldots \\
&= (f(0, 0, 0) \vee x_0 \vee x_1 \vee x_2) \cdot (f(0, 0, 1) \vee x_0 \vee x_1 \vee \overline{x}_2) \\
&\quad \cdot (f(0, 1, 0) \vee x_0 \vee \overline{x}_1 \vee x_2) \cdot (f(0, 1, 1) \vee x_0 \vee \overline{x}_1 \vee \overline{x}_2) \\
&\quad \cdot (f(1, 0, 0) \vee \overline{x}_0 \vee x_1 \vee x_2) \cdot (f(1, 0, 1) \vee \overline{x}_0 \vee x_1 \vee \overline{x}_2) \\
&\quad \cdot (f(1, 1, 0) \vee \overline{x}_0 \vee \overline{x}_1 \vee x_2) \cdot (f(1, 1, 1) \vee \overline{x}_0 \vee \overline{x}_1 \vee \overline{x}_2)
\end{aligned}$$

3・4 ブール形の展開

〔1〕ブール形の最小項展開の方法

変数 $x_0, \ldots, x_{n-1}$,定数 $0, 1$,否定（¬），論理積（·），論理和（∨）からなる論理関数（合成関数）を**ブール形**（boolean expression）という．各ブール形の最小項展開は次のような方法で得られる（ただし，否定 $\neg x$ は $\overline{x}$ と表記する）．

1. ド・モルガン則（$\overline{x \vee y} = \overline{x} \cdot \overline{y}$ および $\overline{x \cdot y} = \overline{x} \vee \overline{y}$）を用いて，否定が各変数にだけ及ぶように展開する．
2. 分配則 $x \cdot (y \vee z) = x \cdot y \vee x \cdot z$ を用いてカッコをはずす．
3. 公理や基本恒等式を用いて論理式を簡単化する．
4. 各積項に欠けている変数（例えば x）があれば，$(x \vee \overline{x})$ を論理積する．

例：
$$f(x_0, x_1, x_2) = (x_0 \vee x_1) \cdot (\overline{x_1 x_2 \vee x_0}) \vee x_0 x_1$$
$$= (x_0 \vee x_1) \cdot (\overline{x_1 x_2} \cdot \overline{x_0}) \vee x_0 x_1$$
$$= (x_0 \vee x_1) \cdot ((\overline{x_1} \vee \overline{x_2}) \cdot \overline{x_0}) \vee x_0 x_1$$
$$= (x_0 \vee x_1) \cdot (\overline{x_0}\overline{x_1} \vee \overline{x_0}\overline{x_2}) \vee x_0 x_1$$
$$= (x_0 \overline{x_0}\overline{x_1} \vee x_0 \overline{x_0}\overline{x_2} \vee \overline{x_0} x_1 \overline{x_1} \vee \overline{x_0} x_1 \overline{x_2}) \vee x_0 x_1$$
$$= \overline{x_0} x_1 \overline{x_2} \vee x_0 x_1$$
$$= \overline{x_0} x_1 \overline{x_2} \vee x_0 x_1 \cdot (x_2 \vee \overline{x_2})$$
$$= \overline{x_0} x_1 \overline{x_2} \vee x_0 x_1 x_2 \vee x_0 x_1 \overline{x_2}$$

例題 3・3

次の論理式 $f(x_0, x_1, x_2)$ の最小項展開を求めよ．
$$f(x_0, x_1, x_2) = \overline{(\overline{x_0} \vee x_1) \cdot (x_1 \vee (\overline{x_0} \cdot x_2))}$$

■答え
$$f(x_0, x_1, x_2) = \overline{(\overline{x_0} \vee x_1) \cdot (x_1 \vee (\overline{x_0} \cdot x_2))}$$
$$= \overline{(\overline{x_0} \vee x_1)} \vee \overline{x_1 \vee (\overline{x_0} \cdot x_2)}$$
$$= (\overline{\overline{x_0}} \cdot \overline{x_1}) \vee (\overline{x_1} \cdot \overline{(\overline{x_0} \cdot x_2)})$$

$$= (x_0 \cdot \overline{x}_1) \vee (\overline{x}_1 \cdot (\overline{\overline{x}_0} \vee \overline{x}_2))$$

$$= (x_0 \cdot \overline{x}_1) \vee (\overline{x}_1 \cdot x_0 \vee \overline{x}_1 \cdot \overline{x}_2)$$

$$= (x_0 \cdot \overline{x}_1) \vee (\overline{x}_1 \cdot \overline{x}_2)$$

$$= (x_0 \cdot \overline{x}_1 \cdot (x_2 \vee \overline{x}_2)) \vee ((x_0 \vee \overline{x}_0) \cdot \overline{x}_1 \cdot \overline{x}_2)$$

$$= (x_0 \cdot \overline{x}_1 \cdot x_2 \vee x_0 \cdot \overline{x}_1 \cdot \overline{x}_2) \vee (x_0 \cdot \overline{x}_1 \cdot \overline{x}_2 \vee \overline{x}_0 \cdot \overline{x}_1 \cdot \overline{x}_2)$$

$$= x_0 \cdot \overline{x}_1 \cdot x_2 \vee x_0 \cdot \overline{x}_1 \cdot \overline{x}_2 \vee \overline{x}_0 \cdot \overline{x}_1 \cdot \overline{x}_2$$

〔2〕**ブール形の最大項展開の方法**

ブール形の最大項展開についても，最小項展開と同様に求められる．

1. ド・モルガン則（$\overline{x \vee y} = \overline{x} \cdot \overline{y}$ および $\overline{x \cdot y} = \overline{x} \vee \overline{y}$）を用いて，否定が各変数にだけ及ぶように展開する．
2. 分配則 $x \vee y \cdot z = (x \vee y) \cdot (x \vee z)$ を用いて，論理和（$\vee$）が論理積（$\cdot$）の内側になるように変形する．
3. 公理や基本恒等式を用いて論理式を簡単化する．
4. 各和項に欠けている変数（例えば x）があれば，$(x \cdot \overline{x})$ を論理和する．

例：
$$f(x_0, x_1, x_2) = (x_0 \vee x_1) \cdot (\overline{x_1 x_2 \vee x_0}) \vee x_0 x_1$$

$$= (x_0 \vee x_1) \cdot (\overline{x_1 x_2} \cdot \overline{x}_0) \vee x_0 x_1$$

$$= (x_0 \vee x_1) \cdot ((\overline{x}_1 \vee \overline{x}_2) \cdot \overline{x}_0) \vee x_0 x_1$$

$$= ((x_0 \vee x_1) \vee x_0 x_1) \cdot (((\overline{x}_1 \vee \overline{x}_2) \cdot \overline{x}_0) \vee x_0 x_1)$$

$$= (x_0 \vee x_1 \vee x_0 x_1) \cdot (\overline{x}_1 \vee \overline{x}_2 \vee x_0 x_1) \cdot (\overline{x}_0 \vee x_0 x_1)$$

$$= (x_0 \vee x_1) \cdot (x_0 \vee \overline{x}_1 \vee \overline{x}_2) \cdot (x_1 \vee \overline{x}_1 \vee \overline{x}_2) \cdot (\overline{x}_0 \vee x_0) \cdot (\overline{x}_0 \vee x_1)$$

$$= (x_0 \vee x_1) \cdot (x_0 \vee \overline{x}_1 \vee \overline{x}_2) \cdot (\overline{x}_0 \vee x_1)$$

$$= (x_0 \vee x_1 \vee x_2 \cdot \overline{x}_2) \cdot (x_0 \vee \overline{x}_1 \vee \overline{x}_2) \cdot (\overline{x}_0 \vee x_1 \vee x_2 \cdot \overline{x}_2)$$

$$= (x_0 \vee x_1 \vee x_2) \cdot (x_0 \vee x_1 \vee \overline{x}_2) \cdot (x_0 \vee \overline{x}_1 \vee \overline{x}_2)$$
$$\cdot (\overline{x}_0 \vee x_1 \vee x_2) \cdot (\overline{x}_0 \vee x_1 \vee \overline{x}_2)$$

演習問題

1 次式を積和標準形,および和積標準形に展開せよ.

$$(x \cdot \overline{(y \vee z)}) \vee (x \cdot \overline{(y \cdot z)})$$

2 4ビットの2進数 (x_3, x_2, x_1, x_0) が3で割り切れるか,あるいは4で割り切れるときのみ真になる論理式 $f(x_3, x_2, x_1, x_0)$ の最小項展開を求めよ.ただし,2進数 (x_3, x_2, x_1, x_0) は x_3 が最上位ビット,x_0 が最下位ビットを表すものとする.また,0は3でも4でも割り切れる.

3 ド・モルガン則を用いて,次の論理式の最小項展開を求めよ.

$$\overline{(x \vee z) \cdot \overline{(x \cdot z \vee x \cdot y)}}$$

4章 論理関数の性質

ブール形 f 中の論理和（∨），論理積（·），0, 1をそれぞれ論理積（·），論理和（∨），1, 0に置き換えて得られる論理式を f の双対形と呼び，$[f]$ で表す．ブール形 f, g が等価（$f = g$）なら，それらの双対形 $[f], [g]$ 同士も等価（$[f] = [g]$）である．本章ではこれらの性質（双対定理）が成り立つことや，任意のブール形が2入力 NAND や2入力 NOR のみで表せることなどを学ぶ．

4·1 完 全 系

論理関数の集合 G に対して，任意の n 変数論理関数が G に属する関数を用いて合成できるとき，G は**完全**（functionally complete）であるといい，G を**完全系**（functionally complete set）と呼ぶ．なお完全系においては，1変数論理関数 "x" や定数関数 "$0, 1$" も完全系 G の関数を用いて合成できる必要がある．

3章で任意の n 変数論理関数が最小項展開できることを学んだ．最小項展開は否定（¬），論理和（∨），論理積（·）を用いて表せるので

$$G_{AO} = \{\, 否定\,(\neg),\, 論理和\,(\vee),\, 論理積\,(\cdot)\,\}$$

は完全である．ここで，1変数論理関数 x が $x \cdot x$ で表せ，定数関数 $0, 1$ がそれぞれ $x \cdot \neg(x),\, x \vee \neg(x)$ のように G_{AO} の関数のみを用いて表記できることに注意してほしい．

[1] G_{AO} 以外の完全系の例

G_{AO} 以外の完全系の例として

$$G_A = \{\, 否定\,(\neg),\, 論理積\,(\cdot)\,\}$$

$$G_O = \{\, 否定\,(\neg),\, 論理和\,(\vee)\,\}$$

$$G_{NA} = \{\, 2\,入力\,\mathrm{NAND}(x, y)\,(= \overline{x \cdot y})\,\}$$

$G_{NO} = \{2\text{入力 NOR}(x,y)\ (=\overline{x \vee y})\}$

$G_{EX} = \{\text{排他的論理和}\ (\oplus),\ \text{論理積}\ (\cdot),\ \text{定数関数 "1"}\}$

などがあげられる．

例題 4・1

$G_{NA} = \{2\text{入力 NAND}(x,y)\ (=\overline{x \cdot y})\}$ が完全であることを証明せよ．

■答え

G_{NA} が完全であることは，下記のように 2 入力 NAND(x,y) を用いて，G_{AO} の否定（¬），論理和（$\vee$），論理積（$\cdot$）を実現できることを示せばよい（以下では，¬(x) を $\overline{x}$ で表す）．

否定：$\overline{x} = \overline{x \cdot x} = \text{NAND}(x,x)$

論理和：$x \vee y = \overline{\overline{x} \cdot \overline{y}} = \overline{(\overline{x \cdot x}) \cdot (\overline{y \cdot y})} = \text{NAND}(\text{NAND}(x,x), \text{NAND}(y,y))$

論理積：$x \cdot y = \overline{\overline{x \cdot y}} = \overline{(\overline{x \cdot y}) \cdot (\overline{x \cdot y})} = \text{NAND}(\text{NAND}(x,y), \text{NAND}(x,y))$

---

2 入力 NAND(x,y) $(=\overline{x \cdot y})$ が完全であることより，積和形で与えられた任意の論理関数を 2 入力 NAND のみを用いた論理関数で表現できる．例えば，**図 4・1** の左側の論理関数 $f(x_0,x_1,x_2) = \overline{x}_0 \cdot \overline{x}_1 \vee x_1 \cdot \overline{x}_2 \vee x_0 \cdot x_2$ のように，一段目が論理積（$\cdot$），二段目が論理和（$\vee$）で表されるような二段論理回路は，図 4・1 の右側のように，NAND のみを用いた回路に等価変換できる．なお，NAND のみを用いた回路の実現については 7 章でさらに詳しく議論する．

$$f(x_0, x_1, x_2) = \overline{x}_0 \cdot \overline{x}_1 \vee x_1 \cdot \overline{x}_2 \vee x_0 \cdot x_2$$
$$= (\overline{\overline{x_0 \cdot x_1}}) \vee (\overline{\overline{x_1 \cdot x_2}}) \vee (\overline{\overline{x_0 \cdot x_2}})$$

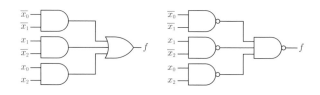

図 4・1 二段論理回路と等価な NAND 回路

$$= \overline{(\overline{x_0 \cdot \overline{x}_1}) \cdot (\overline{x_1 \cdot \overline{x}_2}) \cdot (\overline{x_0 \cdot x_2})}$$

4·2 双対関数

〔1〕双対関数

論理関数 $f(x_0, x_1, \ldots, x_{n-1})$ に対し，各変数を否定し全体を否定した関数

$$g(x_0, x_1, \ldots, x_{n-1}) = \overline{f(\overline{x}_0, \overline{x}_1, \ldots, \overline{x}_{n-1})}$$

を f の**双対関数**（dual function）といい，$f^d(x_0, x_1, \ldots, x_{n-1})$ または f^d と表記する．

例　$f_1(x_0, x_1, \ldots, x_{n-1}) = x_0 \vee x_1 \vee \ldots \vee x_{n-1}$ の双対関数は

$$f_1^d(x_0, x_1, \ldots, x_{n-1}) = \overline{\overline{x}_0 \vee \overline{x}_1 \vee \ldots \vee \overline{x}_{n-1}} = x_0 \cdot x_1 \cdot \ldots \cdot x_{n-1}$$

$f_2(x_0, x_1, \ldots, x_{n-1}) = x_0 \cdot x_1 \cdot \ldots \cdot x_{n-1}$ の双対関数は

$$f_2^d(x_0, x_1, \ldots, x_{n-1}) = \overline{\overline{x}_0 \cdot \overline{x}_1 \cdot \ldots \cdot \overline{x}_{n-1}} = x_0 \vee x_1 \vee \ldots \vee x_{n-1}$$

〔2〕双対関数のカルノー図

与えられた論理関数 f のカルノー図から次のような方法で f の双対関数 f^d のカルノー図を作成できる．

例として，図 4·2 の左図のような 4 変数の論理関数 $f(x_0, x_1, x_2, x_3)$ のカルノー図を考える．ここで図中の各セル f_k の添字 k は，$f(x_0, x_1, x_2, x_3)$ の引数を逆順

x_3x_2 \ x_1x_0	00	01	11	10
00	f_0	f_1	f_3	f_2
01	f_4	f_5	f_7	f_6
11	f_{12}	f_{13}	f_{15}	f_{14}
10	f_8	f_9	f_{11}	f_{10}

x_3x_2 \ x_1x_0	11	10	00	01
11	f_0	f_1	f_3	f_2
10	f_4	f_5	f_7	f_6
00	f_{12}	f_{13}	f_{15}	f_{14}
01	f_8	f_9	f_{11}	f_{10}

図 4·2　$f(x_0, x_1, x_2, x_3)$ および $f(\overline{x}_0, \overline{x}_1, \overline{x}_2, \overline{x}_3)$ のカルノー図

4章 ■ 論理関数の性質

(x_3, x_2, x_1, x_0) に並べてそれらを 4 ビットの 2 進数とみなした場合（x_3 が最上位ビットで x_0 が最下位ビット）の 10 進表現を表している．

$f(\overline{x}_0, \overline{x}_1, \overline{x}_2, \overline{x}_3)$ のカルノー図はもとのカルノー図の各変数の肯定リテラルと否定リテラルを入れ換えたものであるから，図 4·2 の右図のように変数の割当てが 0 と 1 が入れ替わり，11, 10, 00, 01 の順になる．

これをもとのカルノー図のように変数の順番を 00, 01, 11, 10 のように割り当てると，図 4·3 の左図のようになる．このとき，各セル f_k の位置は f_{15-k} に移る．

x_3x_2 \ x_1x_0	00	01	11	10
00	f_{15}	f_{14}	f_{12}	f_{13}
01	f_{11}	f_{10}	f_8	f_9
11	f_3	f_2	f_0	f_1
10	f_7	f_6	f_4	f_5

x_3x_2 \ x_1x_0	00	01	11	10
00	$\overline{f_{15}}$	$\overline{f_{14}}$	$\overline{f_{12}}$	$\overline{f_{13}}$
01	$\overline{f_{11}}$	$\overline{f_{10}}$	$\overline{f_8}$	$\overline{f_9}$
11	$\overline{f_3}$	$\overline{f_2}$	$\overline{f_0}$	$\overline{f_1}$
10	$\overline{f_7}$	$\overline{f_6}$	$\overline{f_4}$	$\overline{f_5}$

図 4·3　$f(\overline{x}_0, \overline{x}_1, \overline{x}_2, \overline{x}_3)$ および $f^d(x_0, x_1, x_2, x_3)$ のカルノー図

f の双対関数 f^d は $\overline{f(\overline{x}_0, \overline{x}_1, \overline{x}_2, \overline{x}_3)}$ であるから，図 4·3 の左図のカルノー図の各セルを否定すればよい．すなわち，f の双対関数 f^d のカルノー図として図 4·3 の右図のようなカルノー図が得られる．

〔3〕双対関数の性質

任意の論理関数 $f(x_0, x_1, \ldots, x_{n-1})$ に対し，次の性質が成り立つ．

(1) 性質 1：　$(f^d)^d = f$
(2) 性質 2：　$f \neq g \Leftrightarrow f^d \neq g^d$

例題 4·2

上記の性質 1，性質 2 が成り立つことを証明せよ．

■答え

（性質 1 の証明）

$$(f^d)^d = (\overline{f(\overline{x}_0, \overline{x}_1, \ldots, \overline{x}_{n-1})})^d = \overline{\overline{f(\overline{\overline{x}}_0, \overline{\overline{x}}_1, \ldots, \overline{\overline{x}}_{n-1})}} = f$$

(性質 2 の証明)

$f \neq g$ かつ $f^d = g^d$ であると仮定する．このとき，f^d, g^d の双対関数はそれぞれ $(f^d)^d, (g^d)^d$ となる．性質 1 より，$(f^d)^d = f, (g^d)^d = g$ が成り立つ．$f^d = g^d$ が成り立つので，同じ関数の双対関数は等価であり，$(f^d)^d = f = (g^d)^d = g$ が成り立つ．これは最初に $f \neq g$ が成り立つと仮定したことに矛盾する．よって，$f \neq g$ なら $f^d \neq g^d$ である．逆も同様．よって $f \neq g \Leftrightarrow f^d \neq g^d$ が成立する．

〔4〕自己双対関数

$f^d = f$ のとき，f を **自己双対関数** (self-dual function) という．

（a）自己双対関数の例

　(1) 3変数の排他的論理和 $f(x_0, x_1, x_2) = x_0 \oplus x_1 \oplus x_2$ は自己双対関数である．

　(2) 2変数の排他的論理和 $g(x_0, x_1) = x_0 \oplus x_1$ は自己双対関数ではない．

例題 4・3

$f(x_0, x_1, x_2) = x_0 \oplus x_1 \oplus x_2$ が自己双対関数であることを証明せよ．

■答え

（解法1）

排他的論理和の定義より

$$f(x_0, x_1, x_2) = x_0 \cdot \overline{x}_1 \cdot \overline{x}_2 \vee \overline{x}_0 \cdot x_1 \cdot \overline{x}_2 \vee \overline{x}_0 \cdot \overline{x}_1 \cdot x_2 \vee x_0 \cdot x_1 \cdot x_2$$

そのカルノー図は図 4・4 のようになる．上述の双対関数のカルノー図の作成方法を用いて双対関数 $f^d(x_0, x_1, x_2)$ のカルノー図を作成すると，図 4・4 の論理関数 $f(x_0, x_1, x_2)$ のカルノー図と一致することから，$f^d = f$ であることがわかる．

（解法2）

$$f^d(x_0, x_1, x_2) = \overline{\overline{x}_0 \cdot \overline{\overline{x}}_1 \cdot \overline{\overline{x}}_2 \vee \overline{\overline{x}}_0 \cdot \overline{x}_1 \cdot \overline{\overline{x}}_2 \vee \overline{\overline{x}}_0 \cdot \overline{\overline{x}}_1 \cdot \overline{x}_2 \vee \overline{x}_0 \cdot \overline{x}_1 \cdot \overline{x}_2}$$

$$= (\overline{\overline{x}_0 \cdot x_1 \cdot x_2}) \cdot (\overline{x_0 \cdot \overline{x}_1 \cdot x_2}) \cdot (\overline{x_0 \cdot x_1 \cdot \overline{x}_2}) \cdot (\overline{\overline{x}_0 \cdot \overline{x}_1 \cdot \overline{x}_2})$$

$$= (x_0 \vee \overline{x}_1 \vee \overline{x}_2) \cdot (\overline{x}_0 \vee x_1 \vee \overline{x}_2) \cdot (\overline{x}_0 \vee \overline{x}_1 \vee x_2) \cdot (x_0 \vee x_1 \vee x_2)$$

x_2 \ x_1x_0	00	01	11	10
0	0	1	0	1
1	1	0	1	0

図 4・4 3 変数の排他的論理和 $f(x_0, x_1, x_2) = x_0 \oplus x_1 \oplus x_2$ のカルノー図

となる．$(x_0 \vee \overline{x}_1 \vee \overline{x}_2)$ は，$(x_0, x_1, x_2) = (0, 1, 1)$ のときのみその値が 0 になる．同様に，$(\overline{x}_0 \vee x_1 \vee \overline{x}_2)$，$(\overline{x}_0 \vee \overline{x}_1 \vee x_2)$，$(x_0 \vee x_1 \vee x_2)$ は，それぞれ $(x_0, x_1, x_2) = (1, 0, 1)$，$(x_0, x_1, x_2) = (1, 1, 0)$，$(x_0, x_1, x_2) = (0, 0, 0)$ のときのみその値が 0 になる．よって，そのカルノー図は図 4·4 に等しくなる．また，この論理式の積和標準形を求めると，$f(x_0, x_1, x_2)$ に等しくなることがわかる．

（b） 自己双対関数の否定も自己双対関数

$f(x_0, x_1, \ldots, x_{n-1})$ を自己双対関数とすると，関数 f の否定

$$F(x_0, x_1, \ldots, x_{n-1}) = \overline{f(x_0, x_1, \ldots, x_{n-1})}$$

も自己双対関数である．

4・3 双 対 形

ブール代数の論理式（ブール形）$f(x_0, x_1, \ldots, x_{n-1}, \vee, \cdot, 0, 1)$ の $\vee, \cdot, 0, 1$ をそれぞれ $\cdot, \vee, 1, 0$ に置き換えて得られるブール形 $f(x_0, x_1, \ldots, x_{n-1}, \cdot, \vee, 1, 0)$ を元のブール形の**双対形**といい，$[f(x_0, x_1, \ldots, x_{n-1}, \vee, \cdot, 0, 1)]$ あるいは単に $[f]$ で表す．

例えば，$F_1 = \overline{x \vee y}$，$F_2 = \overline{x \cdot y}$ とすると

$$F_1^d = \overline{\overline{\overline{x} \vee \overline{y}}} = \overline{x} \vee \overline{y} = \overline{x \cdot y} = [F_1]$$
$$F_2^d = \overline{\overline{\overline{x} \cdot \overline{y}}} = \overline{x} \cdot \overline{y} = \overline{x \vee y} = [F_2]$$

が成り立つ．

〔1〕拡張ド・モルガン則

任意のブール形 F に対して, $[F]$ を F の双対形とし, F^d を F の双対関数とする. このとき, $F^d = [F]$ が成り立つ.

(証明)

まず, 最初に次の六つの性質が成り立つことを証明する. ただし, F_1, F_2 は各々変数 $x_0, \ldots, x_{n-1}$ の関数とする.

(1) $(0)^d = 1$
(2) $(1)^d = 0$
(3) $(x_i)^d = x_i$ ただし, $i = 0, \ldots, n-1$
(4) $(\overline{F_1})^d = (\overline{F_1^d})$
(5) $(F_1 \vee F_2)^d = F_1^d \cdot F_2^d$
(6) $(F_1 \cdot F_2)^d = F_1^d \vee F_2^d$

例えば, (5) については, 双対関数の定義より

$$(F_1(x_0, \ldots, x_{n-1}) \vee F_2(x_0, \ldots, x_{n-1}))^d$$
$$= \overline{(F_1(\overline{x_0}, \ldots, \overline{x_{n-1}}) \vee F_2(\overline{x_0}, \ldots, \overline{x_{n-1}}))}$$
$$= \overline{F_1(\overline{x_0}, \ldots, \overline{x_{n-1}})} \cdot \overline{F_2(\overline{x_0}, \ldots, \overline{x_{n-1}})} \quad \text{ド・モルガン則より}$$
$$= F_1(x_0, \ldots, x_{n-1})^d \cdot F_2(x_0, \ldots, x_{n-1})^d \quad \text{双対関数の定義より}$$

よって, (5) の左辺と右辺は等しい. (5) 以外についても同様に証明できる.

上記の性質をもとに, 以下, 拡張ド・モルガン則を, ブール形 F に含まれる演算記号 $(\neg, \cdot, \vee)$ の個数に関する帰納法を用いて証明する (ただし, $\neg x$ を $\overline{x}$ で表す).

基底段階:

いま, ブール形 F に含まれる演算記号 $(\neg, \cdot, \vee)$ の個数が 0 個の場合を考える. このとき, F は

(1') $F = 0$, (2') $F = 1$, (3') $F = x_i$ (ただし, $i = 0, \ldots, n-1$)

のいずれかである. このとき, $[F]$ はそれぞれ

(1'') $[F] = 1$, (2'') $[F] = 0$, (3'') $[F] = x_i$ (ただし, $i = 0, \ldots, n-1$)

である. 上の性質 (1)〜(3) が成り立つので, いずれの場合も

$$F^d = [F]$$

が成り立つ.

帰納段階：

次に，ブール形 F に含まれる演算記号（$\neg, \cdot, \vee$）の個数が k 個未満の関数 F_i については，$F_i^d = [F_i]$ が成り立つと仮定する．ブール形 F に含まれる演算記号 $\neg, \cdot, \vee$ の個数が k 個であるとき，F は

(4') $F = \overline{F_1},$　　　(5') $F = F_1 \vee F_2,$　　　(6') $F = F_1 \cdot F_2$

のいずれかである．いずれの場合も，ブール形 F_1, F_2 に含まれる演算記号 $\neg, \cdot, \vee$ の個数は k 個未満である．よって，$F_1^d = [F_1], F_2^d = [F_2]$ が成り立つ．いま，ブール形 F が (5') $F = F_1 \vee F_2$ の形をしている場合，上の性質 (5) が成り立つので

$$F^d = (F_1 \vee F_2)^d = F_1^d \cdot F_2^d = [F_1] \cdot [F_2]$$

が成り立つ．また，双対形の定義より，$[F] = [F_1 \vee F_2] = [F_1] \cdot [F_2]$ である．よって，$F^d = [F]$ が成り立つ．(4') や (6') の場合も同様である．

基底段階，帰納段階が共に証明できたので，任意のブール形 F に対して

$$F^d = [F]$$

が成り立つ．（証明終わり）

4・4 双対定理

拡張ド・モルガン則より，次の定理が成り立つ．

〔1〕双対定理

二つのブール形 $f(x_0, x_1, \ldots, x_{n-1}, \vee, \cdot, 0, 1), g(x_0, x_1, \ldots, x_{n-1}, \vee, \cdot, 0, 1)$ に対して，等式

$$f(x_0, x_1, \ldots, x_{n-1}, \vee, \cdot, 0, 1) = g(x_0, x_1, \ldots, x_{n-1}, \vee, \cdot, 0, 1)$$

が成り立つならば，f, g の双対形 $[f], [g]$ どうしも等価である．すなわち

$$f(x_0, x_1, \ldots, x_{n-1}, \cdot, \vee, 1, 0) = g(x_0, x_1, \ldots, x_{n-1}, \cdot, \vee, 1, 0)$$

が成り立つ．

（証明）

等式 $f = g$ が成り立てば，f, g の双対関数どうしも等価である．すなわち，$f^d = g^d$ が成り立つ．拡張ド・モルガン則より，f の双対関数と f の双対形は等

価 ($f^d = [f]$) である．よって，$[f] = [g]$ が成り立つ．（証明終わり）

2·2 節で述べたブール代数の性質や基本恒等式において，ある等式 $f = g$ が成り立てば，双対定理からその双対形どうしも等価 $[f] = [g]$ であることがわかる．すなわち，2·2 節の基本恒等式 N が成り立てば，双対な基本恒等式 N_d も成り立つ．同様に基本恒等式 N_d が成り立てば，双対な基本恒等式 N も成り立つ．下記に 2·2 節で紹介した双対な基本恒等式（$5, 5_d, 6, 6_d, 8, 8_d, 9, 9_d.$）を再掲する．

5. $x \vee x = x$ $5_d.\ x \cdot x = x$ べき等則
6. $x \vee 1 = 1$ $6_d.\ x \cdot 0 = 0$
8. $x \vee x \cdot y = x$ $8_d.\ x \cdot (x \vee y) = x$ 吸収則
9. $x \vee (y \vee z) = (x \vee y) \vee z$ $9_d.\ x \cdot (y \cdot z) = (x \cdot y) \cdot z$ 結合則

演習問題

1 論理関数の集合 G に対して $G_{AO} = \{\text{NOT}, 2\text{入力 AND}, 2\text{入力 OR}\}$ が完全であることを用いて，$G_{NO} = \{2\text{入力 NOR}(x, y)\ (= \overline{x \vee y})\}$ が完全であることを証明せよ．

2 $f(x_0, \ldots, x_{n-1})$ を自己双対関数とする．関数 f の否定

$$F(x_0, \ldots, x_{n-1}) = \overline{f(x_0, \ldots, x_{n-1})}$$

も自己双対関数であることを証明せよ．

3 図 4·5 の論理関数 f について，次の (i), (ii) の設問に答えよ．

$x_3 x_2$ \ $x_1 x_0$	00	01	11	10
00	0	v_2	0	0
01	v_1	1	1	1
11	1	1	1	0
10	0	0	1	0

図 4·5   論理関数 $f(x_0, x_1, x_2, x_3)$ のカルノー図

(i) f の双対関数 $f^d(x_0, x_1, x_2, x_3) = \overline{f(\overline{x_0}, \overline{x_1}, \overline{x_2}, \overline{x_3})}$ のカルノー図を書け.

(ii) f が自己双対関数であるためには $v1, v2$ の値を各々 $0, 1$ のいずれにしなければならないか. 理由も述べよ.

5章 カルノー図を用いた論理式の簡単化

本章では，2章で学んだカルノー図を用いて，論理式の最簡積和形を求める方法を学ぶ．最簡積和形は，積項数が最小でリテラル数も少ないため，小さな組合せ論理回路としての実現が期待できる．

5·1 最簡積和形

同じ論理関数を表す論理式は多数ある．論理関数を組合せ論理回路として実現するとき，少ない論理ゲート数での実現が性能やコストの面で好まれる．ここでは，二段論理回路（積和形論理式に対応した一段目が AND ゲート，2 段目が OR ゲートで構成される論理回路）で論理関数を実現するものとし，必要な論理ゲート数が最小となる論理式を求める問題を考える．二段論理回路では，積項数が ANDゲート数と等しくなるため，積項数を最小とすることで必要な論理ゲート数が最小化できる．さらにリテラル数が少ない論理式の場合，ファンイン数が小さい論理ゲートでの実現が可能となる．

このような好ましい特性をもつ論理式は，**最簡積和形**または**最小積和形**（minimum sum of products）と呼ばれ，以下のように定義される．

- 積項数が最小
- 同じ積項数なら，リテラル数が最小

ただし，最簡積和形は複数存在することがある．

例題 5·1

$f(x_3, x_2, x_1, x_0) = x_2\overline{x}_1\overline{x}_0 \lor \overline{x}_3(x_2 x_0 \lor \overline{x}_2 x_0 \lor x_1\overline{x}_1) \lor x_3 x_2 x_0 \lor x_3 x_2 \overline{x}_1 x_0$ の最簡積和形を表 5·1 から選択せよ．

■答え

積項数に注目すると (B), (C) が 3 と (A) の 5 よりも小さい．(B), (C) をリテ

表 5・1 最簡積和形を選択する

		積項数	リテラル数
(A)	$x_2\overline{x}_1\overline{x}_0 \vee \overline{x}_3x_2x_0 \vee x_3x_2x_0 \vee \overline{x}_3\overline{x}_2x_0 \vee x_3x_2x_1x_0$	5	16
(B)	$x_2\overline{x}_1 \vee x_2x_0 \vee \overline{x}_3\overline{x}_2x_0$	3	7
(C)	$x_2\overline{x}_1 \vee x_2x_0 \vee \overline{x}_3x_0$	3	6

ラル数で比較すると (C) が小さい．したがって，最簡積和形は (C) である．

5・2 カルノー図

人間が最簡積和形を求める場合，2 章で学んだ**カルノー図**（Karnaugh map）を用いる方法が直感的に理解しやすい．n 変数論理関数のカルノー図の例を**図 5·1** に示す．2 変数の場合 2×2 のマス目，3 変数の場合 2×4 もしくは 4×2 のマス目，4

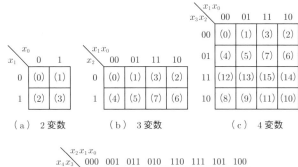

（a）2 変数　　（b）3 変数　　（c）4 変数

（d）5 変数

図 5・1　2 変数から 5 変数のカルノー図

変数の場合 4×4 のマス目，5 変数の場合 4×8 もしくは 8×4 のマス目となる．それぞれマス目の数は変数の数 n に対して 2^n となり，真理値表の行数に等しい．各マス目は真理値表の 1 行（つまり最小項）に対応しており，関数値が 0 となるか 1 となるかをカルノー図でも表現する．例えば，図 5·1 (a) の (0) は $(x_1, x_0) = (0, 0)$，(b) の (2) は $(x_2, x_1, x_0) = (0, 1, 0)$，(c) の (13) は $(x_3, x_2, x_1, x_0) = (1, 1, 0, 1)$，(d) の (28) のマス目は $(x_4, x_3, x_2, x_1, x_0) = (1, 1, 1, 0, 0)$ の最小項に対応する．ここで横あるいは縦に 2 変数が割り当てられている場合，00, 01, 11, 10 の順に添字が並んでおり，隣どうしの添字は一変数の値のみが変化するように記載されている．

隣接するマス目に注目する．例として図 5·1 (c) のマス目 (13) (15) を考えると，$(x_3, x_2, x_1, x_0) = (1, 1, 0, 1), (1, 1, 1, 1)$ に相当しており，一変数 (x_1) のみ 0, 1 が異なっている．0, 1 が異なっている変数の数をハミング距離と呼ぶ．マス目 (13) (15) ではハミング距離は 1 になる．また，カルノー図の左端と右端は隣接しており，ハミング距離 $= 1$ の条件を満たしている（例えば (12) (14) のマス目）．同様にカルノー図の上端と下端も隣接している（例えば (1) (9) のマス目）．図 5·1 (d) のように横に 3 変数が割り当てられている場合，x_1, x_0 の添字を左右対称となるように割り当てることで，隣接するマス目のハミング距離を 1 としている．これらは次節で説明する積項がループで表現できるために必要な条件である．

5・3 カルノー図を用いた簡単化

〔1〕基本的な考え方

カルノー図を用いた簡単化では以下の二つのポイントが重要である．

ポイント 1　ループ（0 のマス目を内部に含まない長方形もしくは正方形）が一つの積項に対応するため，ループの数が少ない方がよい．ドントケアを含まない完全に定義された論理関数の場合，ループの内部は 1 のマス目のみである．不完全に定義された論理関数の最簡積和形の求め方は 6 章で説明する．

ポイント 2　大きなループはリテラル数が少ない積項に対応するため，できるだけ大きなループがよい．

これらの考え方を基に，これまで式変形で考えてきた簡単化をカルノー図を用いて考える．以下，最簡積和形を求める際に 1 で覆われた部分を強調するため，

図 5·2 のように 0 のます目には 0 を記入せず 1 のみを記載する場合がある．5 章から 7 章中のカルノー図は 0 を省略している．図 5·2（a）の例では，$x_1 x_0$ に相当するループが x_1 に相当するループに内包されており，冗長になっている．この冗長な $x_1 x_0$ のループを削除した結果が右に示されている．ループの数が積項数に相当するため，冗長なループの削除によって，積項数が 2 から 1 に削減されている（ポイント 1）．また，左右で同一の最小項をループが覆っており，同じ論理式を表していることが視覚的にわかる．

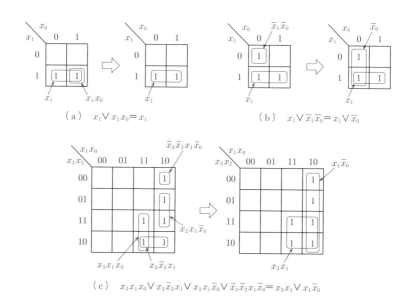

図 5・2 カルノー図の基本的な考え方

図 5·2（b）の例では，$\bar{x}_1 \bar{x}_0$ に相当するループが $\bar{x}_0$ に相当するループに拡張されている．ループの拡張によってリテラル数の少ない積項に置き換わり，積項数は 2 と変わらないもののリテラル数が 3 から 2 に削減されている（ポイント 2）．

図 5·2（c）の例では，ループの併合とループの拡張が組み合わされることで，すべての最小項を二つの大きなループで過不足なく覆っている．ループの数が 4 から 2 に，つまり積項数が 4 から 2 に減少している（ポイント 1）．リテラル数も 13 から 4 に減少している（ポイント 2）．

〔2〕簡単化方法

カルノー図を用いて論理関数 f の最簡積和形を求める場合，次の二つのステップが必要である．

ステップ1　f のすべての主項を求める
ステップ2　f の主項による最小被覆を求める

主項（prime implicant）とは，f に包含される積項のうち他の積項に包含されない積項である．直感的には f からはみ出さないできるだけ大きなループである（以下の注意1を参照）．ここで，包含関係について説明する．論理関数 f と積項 p について，p に含まれるすべての最小項（カルノー図中の1）に対して f が1となるとき，f は p を包含しているという．また積項 p_1, p_2 があり，p_2 に含まれるすべての最小項が p_1 にも含まれているとき，p_1 は p_2 を包含しているという．

ステップ2では f のすべての最小項を最小数の主項で覆った**最小被覆**を求める．このとき一つの主項でしか被覆されていない最小項（**特異最小項**，次章で詳細に説明）に注目すると最小被覆が考えやすい．例題5.3で具体的に取り上げる．

例題 5・2

図5·3のカルノー図で表された論理関数 f の最簡積和形を求めよ．

$x_3x_2 \backslash x_1x_0$	00	01	11	10
00				
01			1	
11			1	
10			1	1

図 5・3　簡単化すべき論理関数 f のカルノー図

■答え

まずステップ1では f のすべての主項を求める．図5·4（a）に求めた主項を示す．三つの主項 $x_2x_1x_0, x_3x_1x_0, x_3\overline{x}_2x_1$ が見つかっている．ステップ2では主項による最小被覆を求める．図5·4（b）に求めた最小被覆を示す．この例では，特異最小項（$(x_3, x_2, x_1, x_0) = (0, 1, 1, 1), (1, 0, 1, 0)$）をそれぞれ含む二つの

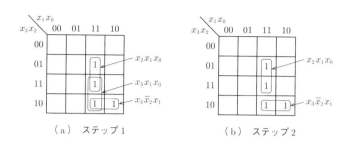

図 5・4　簡単化のステップ

主項 $x_2x_1x_0, x_3\overline{x}_2x_1$ で f に含まれているすべての最小項が被覆できており，主項 $x_3x_1x_0$ は不要である．これにより最簡積和形は $f = x_2x_1x_0 \vee x_3\overline{x}_2x_1$ と求まる．ステップ1は最簡積和形に含まれる可能性がある積項の列挙に相当し，ステップ2は必要最小限の積項を選択する手続きである．

注意 1　主項は積項でなければならない．大きなループなら何でもよいわけではない．図 5・5 の例で，左図（a）のループは積項に対応しない．積項に対応するループは縦，横のサイズが 1, 2, 4, 8 に限られる．したがって，右図（b）のように二つのループで被覆する必要がある．

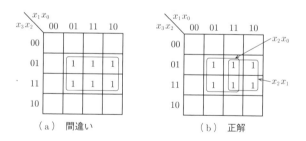

図 5・5　注意1：積項に相当するループ

注意 2　カルノー図の左端，右端は隣接しており，ループを作ることができる．同様にカルノー図の上端，下端も隣接している．したがって，図 5・6 に示すようなループ（積項）がカルノー図に存在することに注意する必要がある．

5・3 カルノー図を用いた簡単化

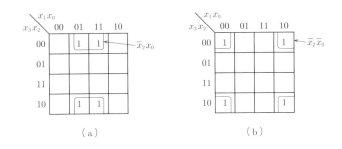

図 5・6 注意 2：カルノー図の上下，左右に分かれて存在するループ

注意 3 前にも述べたように最簡積和形は複数存在することがある．図 5・7 に被覆方法が複数存在する例を示す．

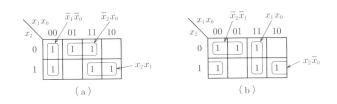

図 5・7 注意 3：最簡積和形が複数存在する例

例題 5・3

図 5・8 (a) のカルノー図で表された論理関数 f の最簡積和形を求めよ．

■答え

まず注意 1，注意 2 に気をつけて主項を列挙する（図 5・8 (b)）．続いて f の主項による最小被覆を求める．このとき一つの主項でしか被覆されていない最小項に注目する．この例では，$(x_3, x_2, x_1, x_0) = (0,1,0,1), (1,1,1,1), (1,0,0,0)$ の三つの最小項が該当する．これらの最小項を被覆している主項は $\overline{x}_3 \overline{x}_1 x_0$，$x_3 x_1 x_0$，$\overline{x}_2 \overline{x}_0$ の三つであり，これら三つの主項で被覆されていない f の最小項は $(x_3, x_2, x_1, x_0) = (0,0,1,1)$ のみである．この最小項を含む主項は $\overline{x}_2 x_1$，$x_3 \overline{x}_2$ であるがリテラル数が等しいため，いずれの主項で $(0,0,1,1)$ を被覆しても最簡積和形となる．したがって，図 5・8 (c)，(d) が求める最簡積和形に相当する

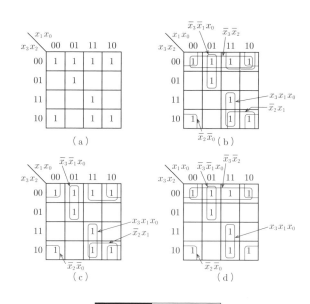

図 5・8 例題と解答

被覆であり(注意 3)、最簡積和形は (c) の $\overline{x}_2\overline{x}_0 \vee \overline{x}_3\overline{x}_1 x_0 \vee x_3 x_1 x_0 \vee \overline{x}_2 x_1$ または (d) の $\overline{x}_2\overline{x}_0 \vee \overline{x}_3\overline{x}_1 x_0 \vee x_3 x_1 x_0 \vee \overline{x}_3\overline{x}_2$ となる。

例題 5・4

$f(x_3, x_2, x_1, x_0) = (x_3 x_2 \vee x_2 x_0 \vee \overline{x}_1 x_0) \oplus (\overline{x}_3 x_2 \vee x_1 x_0 \vee x_3 x_2 \overline{x}_1 x_0)$ の最簡積和形を求めよ。

■**答え**

最簡積和形を求めたい論理関数を表す論理式に排他的論理和が含まれる場合、排他的論理和の演算をカルノー図上で行った方が簡単な場合がある。図 5·9 にカルノー図上で排他的論理和演算を行って、f のカルノー図を求めた結果を示す。得られたカルノー図より最簡積和形は $f = \overline{x}_2 x_0 \vee x_2 \overline{x}_0$ と求まる。

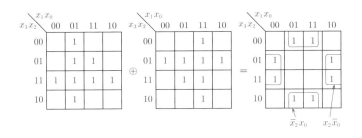

図 5·9　例題 5·4 の最簡積和形の求め方

5·4 論理設計例

　実用的な論理回路として，7 セグメントデコーダを設計する．図 5·10 に示した 7 セグメント LED は，電卓や時計等で数字の表示によく用いられる．7 セグメントデコーダは，入力した 4 ビットの 2 進数 (x_3, x_2, x_1, x_0) に対して，a から g の各セグメント LED の発光を制御する論理信号 ($f_a, f_b, f_c, f_d, f_e, f_f, f_g$) を出力し，10 進 1 桁の数字を表示する．ただし，ここでは 10 進数で 10 以上の数値が入力されると，これらの論理信号はすべて 0 となり，LED は発光しないものとする．

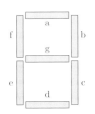

図 5·10　7 セグメント LED

　この 7 セグメントデコーダの真理値表は表 5·2 となる．0 から 9 の数字を表示するために光る必要があるセグメント LED を考えることで真理値表が得られる．
　得られた真理値表を用いて，例として f_a, f_b の最簡積和形を求める．これらの論理関数のカルノー図を図 5·11 に示す．f_a の最簡積和形は，(a) の $f_a = \overline{x_2}\,\overline{x_1}\,\overline{x_0} \vee$

5章 カルノー図を用いた論理式の簡単化

表 5・2 7セグメントデコーダの真理値表

x_3	x_2	x_1	x_0	f_a	f_b	f_c	f_d	f_e	f_f	f_g
0	0	0	0	1	1	1	1	1	1	0
0	0	0	1	0	1	1	0	0	0	0
0	0	1	0	1	1	0	1	1	0	1
0	0	1	1	1	1	1	1	0	0	1
0	1	0	0	0	1	1	0	0	1	1
0	1	0	1	1	0	1	1	0	1	1
0	1	1	0	1	0	1	1	1	1	1
0	1	1	1	1	1	1	0	0	0	0
1	0	0	0	1	1	1	1	1	1	1
1	0	0	1	1	1	1	0	0	1	1
1	0	1	0	0	0	0	0	0	0	0
1	0	1	1	0	0	0	0	0	0	0
1	1	0	0	0	0	0	0	0	0	0
1	1	0	1	0	0	0	0	0	0	0
1	1	1	0	0	0	0	0	0	0	0
1	1	1	1	0	0	0	0	0	0	0

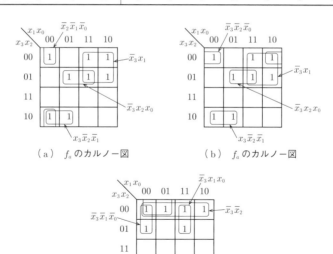

図 5・11 7セグメントデコーダの出力信号のカルノー図

$\overline{x}_3 x_2 x_0 \vee x_3 \overline{x}_2 \overline{x}_1 \vee \overline{x}_3 x_1$ と（b）の $f_a = \overline{x}_3 \overline{x}_2 \overline{x}_0 \vee \overline{x}_3 x_2 x_0 \vee x_3 \overline{x}_2 \overline{x}_1 \vee \overline{x}_3 x_1$ となる．f_b の最簡積和形は（c）の $f_b = \overline{x}_2 \overline{x}_1 \vee \overline{x}_3 \overline{x}_2 \vee \overline{x}_3 \overline{x}_1 \overline{x}_0 \vee \overline{x}_3 x_1 x_0$ となる．

演習問題

1 $f(x_2, x_1, x_0) = x_2 x_1 x_0 \vee \overline{x}_2 x_0 \vee \overline{x}_1$ のカルノー図を示せ．

2 $g(x_3, x_2, x_1, x_0) = x_3 \overline{x}_2 \vee x_1 \vee \overline{x}_3 x_2 x_0 \vee x_3 x_2 \overline{x}_1 x_0$ のカルノー図を示せ．

3 図 5·12（a）のカルノー図が示す論理関数の最簡積和形を求めよ．

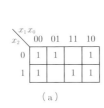
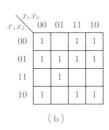

図 5·12 演習問題

4 図 5·12（b）のカルノー図が示す論理関数の最簡積和形を求めよ．

5 例題 5.1 の最簡積和形が (c) となることを，カルノー図を用いて確認せよ．

6 $h(x_3, x_2, x_1, x_0) = \overline{x}_3 x_0 \oplus x_2(\overline{x}_3 \vee x_1)$ の最簡積和形を求めよ．

6章 ドントケアを含む論理関数の簡単化

2章で学んだように，論理関数には禁止入力という想定されていない入力の組合せがある．このような入力は与えられないものと仮定して論理回路を設計する場合，禁止入力に対する論理関数の出力は0でも1でもかまわないドントケアとなる．本章では，カルノー図を用いてドントケアを含む論理関数の簡単化を学ぶ．計算機による多変数論理関数の簡単化に適したクワイン・マクラスキー法についても学ぶ．

6・1 ドントケアを含む論理関数の簡単化

〔1〕簡単化

ドントケアを含む論理関数の例として，5章で取り上げた7セグメントデコーダを考える．5章では10以上の数値の入力に対して出力変数を0としたが，10以上の数値を禁止入力と考えるとこれらに対する出力はドントケアとなる．ドントケアをXと示した真理値表を**表6.1**に示す．

ドントケアを含む論理式の簡単化では，ドントケアを都合よく解釈して，より簡単な最簡積和形を求める．つまり，ドントケアは0, 1のいずれでもよいので，より好ましい最簡積和形が求まるように0, 1を割り当てることになる．これを実現するための簡単化の手続きは以下のようになる．

ステップ1　fのすべての主項を求める．

　ポイント1　ドントケアXを1と考えて主項を生成する．より大きなループ，つまりリテラル数の少ない積項が作れることを期待している．

ステップ2　fのすべての最小項を最小数の主項で覆う．

　ポイント2　最小項の1は必ず被覆するが，Xは被覆してもしなくてもよい．被覆した部分は1が割り当てられ，被覆しなかった部分は0が割り当てられることになる．ただし，Xのみを被覆するループは主項の被覆に選択されないた

6・1 ドントケアを含む論理関数の簡単化

表 6・1 ドントケアを含む 7 セグメントデコーダの真理値表

x_3	x_2	x_1	x_0	f_a	f_b	f_c	f_d	f_e	f_f	f_g
0	0	0	0	1	1	1	1	1	1	0
0	0	0	1	0	1	1	0	0	0	0
0	0	1	0	1	1	0	1	1	0	1
0	0	1	1	1	1	1	1	0	0	1
0	1	0	0	0	1	1	0	0	1	1
0	1	0	1	1	0	1	1	0	1	1
0	1	1	0	0	0	1	1	1	1	1
0	1	1	1	1	1	1	0	0	0	0
1	0	0	0	1	1	1	1	1	1	1
1	0	0	1	1	1	1	1	0	1	1
1	0	1	0	X	X	X	X	X	X	X
1	0	1	1	X	X	X	X	X	X	X
1	1	0	0	X	X	X	X	X	X	X
1	1	0	1	X	X	X	X	X	X	X
1	1	1	0	X	X	X	X	X	X	X
1	1	1	1	X	X	X	X	X	X	X

め,直ちに除外する(f の主項に含めない).

例題 6・1

図 6・1 のカルノー図で示されている論理関数 f を最小化せよ.

■答え

ステップ 1 では,ドントケアを 1 と考え,ドントケアを含めて主項を生成する(図 6・2(a)).ドントケアが 0 の場合と比べて,大きなループが生成され,少ない積項数とリテラル数が期待できる.

ステップ 2 ではもとのカルノー図の 1 をすべて覆う主項による最小被覆を求める.ドントケアは覆わなくてもよいので $\overline{x_2}\overline{x_0}$ と $x_2\overline{x_1}x_0$ は被覆に含める必要がない.その結果,最簡積和形は $f = x_3 \vee x_1\overline{x_0}$ と求まる(図 6・2(b)).もしドントケアがすべて 0 であった場合,積項数は 3,リテラル数は 9 であり,ドントケアの都合のよい解釈(図 6・2(b)で被覆されている五つの X を 1 と考えること)により,より簡単な最簡積和形が求められることがわかる.

6章 ドントケアを含む論理関数の簡単化

x_3x_2 \ x_1x_0	00	01	11	10
00	X			X
01		X		1
11	1	1	X	1
10	X	1	X	X

図6・1 例題6·1のカルノー図

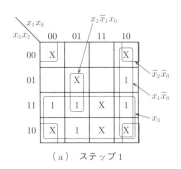
（a）ステップ1

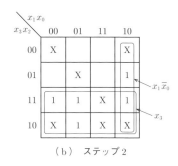
（b）ステップ2

図6・2 例題6·1の解答

---

〔2〕最小被覆の効率的な求め方

ある最小項を被覆している主項が一つしかないとき，その主項を**必須主項**（あるいは**必須項**）（essential prime implicant）と呼び，その最小項を**特異最小項**と呼ぶ．例題5.3で特異最小項に注目して必須主項を優先的に選択すると最小被覆が求めやすいことを説明した．ここでは必須主項ならびに主項の支配関係を考えることで，最小被覆を求めるのが難しい場合にも系統的に適用可能な方法を紹介する．

主項AとBの間に次の条件が成立するとき，BはAに支配されているという．
条件1 Aに含まれる最小項の集合 ⊇ Bに含まれる最小項の集合

条件2　Aのリテラル数 ≤ Bのリテラル数

　Bに含まれている最小項はAにすべて含まれているうえに，Aのリテラル数はBよりも小さいか等しいので，最小被覆を考える上ではBよりもAを選択すべきである．したがって，他の主項に支配されている主項は，最小被覆に用いるべき主項の集合から取り除くことができる．図6・3に支配関係が成立する例（a）と成立しない例（b）を示す．

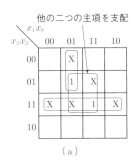 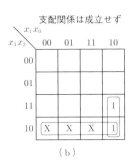

図6・3　主項の支配関係の例

　必須主項と主項の支配関係を用いると，最小被覆を求める手続きは以下のようになる．変化がなくなったとき終了する．

ステップ1　必須主項をすべて探し出し，最小被覆に含める．

ステップ2　必須主項が被覆していた部分をすべてドントケアにする．

ステップ3　他の主項に支配されている主項をすべて探し出して除去する．ステップ1に戻る．

例題 6・2

　図6・4のカルノー図に対して，必須主項と主項の支配関係に注目して最小被覆を求め，最簡積和形を示せ．

	00	01	11	10
00	1			
01	1	1	1	
11	1		1	1
10				

図 6·4　例題 6·2 のカルノー図

■答え

図 6·5 (a) に主項をすべて列挙したカルノー図を示す．カルノー図に含まれる最小項の中で，$(x_3, x_2, x_1, x_0) = (0,0,0,0)$ が特異最小項である．したがって，この特異最小項を含む主項が必須主項で，最小被覆に含める（ステップ 1）．次に，図 6·5 (b) のように必須主項が被覆していた最小項をドントケアに置き換える（ステップ 2）．残された主項の中で他の主項に支配されている主項を見つける．この例では，点線のループで示した二つの主項が他の主項に支配されており，主項から取り除く（ステップ 3）．再び必須主項を探すと図 6·5 (c) のように 2 つ見つかる（ステップ 1）．必須主項をドントケアに置き換える（ステップ 2）．図 6·5 (d) で，残された二つの主項は，いずれを選択してももう一方の主項を支配するため，いずれかを選択することで最小被覆が求まる．最簡積和形は，
$\overline{x}_3\overline{x}_1\overline{x}_0 \vee \overline{x}_3 x_2 x_0 \vee x_3 x_2 \overline{x}_0 \vee x_2 x_1 x_0$ または $\overline{x}_3\overline{x}_1\overline{x}_0 \vee \overline{x}_3 x_2 x_0 \vee x_3 x_2 \overline{x}_0 \vee x_3 x_2 x_1$
である．

6·2 クワイン・マクラスキー法

　クワイン・マクラスキー法（Quine-McCluskey method）は，計算機上での実行に適した簡単化手法である．カルノー図を用いた簡単化と同様に，まず論理関数の主項を求め，最小項の最小被覆を求める．

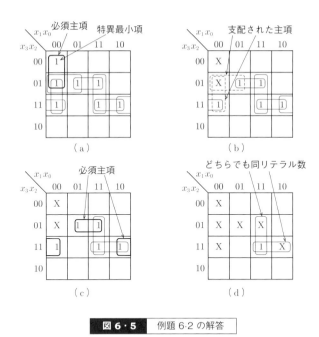

図6·5 例題6.2の解答

〔1〕主項の生成

主項の生成に積項のキューブ表現を用いる．論理変数 x_i に対する係数 a_i を考え，$a_i = 1, 0, \text{-}$ のときにそれぞれ $x_i, \overline{x}_i, 1$ を表現するものとする．積項に対する係数の列挙 $a_1 a_2 \cdots a_n$ を積項のキューブ表現と呼ぶ（n は論理変数の数）．例えば，4変数の論理関数において積項 $x_3 x_2 \overline{x}_1 x_0$ のキューブ表現は 1101，$x_2 x_1$ のキューブ表現は -11- である．

二つの積項のキューブ表現において，$(n-1)$ か所が同じで1か所だけが 0/1 と異なっているとき，これらの積項は隣接している（カルノー図を思い浮かべると理解しやすい）．これらの隣接した積項の論理和のキューブ表現は，異なっていた箇所を - に置き換えたものになる．この操作をキューブの併合という．例えば，1-10 と 1-00 を併合すると，1--0 となる．これは $x_3 x_1 \overline{x}_0 \vee x_3 \overline{x}_1 \overline{x}_0 = x_3 \overline{x}_0$ に相当する．

すべての主項を求める手続きは以下の通りである．

ステップ1　すべての最小項に対してキューブ表現を求める．キューブに含まれる1の個数によって昇順にグループ分けし，第一段階のリストを生成する．

ステップ2　リストの第一グループに含まれるキューブと第二グループに含まれるキューブを比較し，1か所だけ異なる場合には，それらのキューブにチェックを付ける．それらを併合して得られるキューブを次の段階のリストの第一グループに入れる．同様に第二グループと第三グループに対して比較し，併合結果は次の段階のリストの第二グループに入れる．この隣どうしのグループに対する比較・併合を最後のグループまで行う．

ステップ3　次の段階のリストにグループが二つ以上あれば，ステップ2に戻る．

ステップ4　チェックのついていないキューブが主項である．

例題 6・3

表 5・2 中の論理関数 f_a について，クワイン・マクラスキー法によって主項をすべて求めよ．

■答え

主項を求めた過程を図 6・6 に示す．まず，最小項に対応するキューブ表現を求め，含まれる 1 の数によって第一から第四グループに分類している（ステップ 1）．各キューブを 2 進数と考えて 10 進数で表した値を表に併記している．

第一グループの 0000 と第二グループの 0010 の併合により，00-0 が第二段階のリストに生成された（ステップ 2）．生成されたキューブ表現に含まれる最小項を (0,2) と併記している．また，第一段階のリストで，0000, 0010 にチェック (v) を付ける．また，同様に 0000 と 1000 との併合により，-000 が生成された．同様に第二グループと第三グループに含まれるキューブ表現の併合により，001-, 0-10, 100- が生成された．第三グループと第四グループより，0-11, 01-1, 011- が生成された．

第二段階のリストにはグループが三つ存在するので（ステップ 3），第二段階のリストに対して同様の操作を行う（ステップ 2）．すると 001- と 011- の併合，ならびに 0-10 と 0-11 の併合により 0-1- が第三段階のリストに生成された．このように複数の組合せから同一のキューブ表現が併合によって生まれる可能性があることに注意する．チェック (v) は 001-, 011-, 0-10, 0-11 のすべてに付ける．

第三段階のリストには複数グループにキューブ表現が存在しないため，ステップ 4 に移る．チェック (v) がついていない 00-0 ($\overline{x}_3\overline{x}_2\overline{x}_0$), -000 ($\overline{x}_2\overline{x}_1\overline{x}_0$), 100- ($x_3\overline{x}_2\overline{x}_1$), 01-1 ($\overline{x}_3x_2x_0$), 0-1- ($\overline{x}_3x_1$) が主項である（ステップ 4）．

6・2 クワイン・マクラスキー法

第一段階のリスト

	x_3	x_2	x_1	x_0	最小項	
第一グループ	0	0	0	0	(0)	v
第二グループ	0	0	1	0	(2)	v
	1	0	0	0	(8)	v
第三グループ	0	0	1	1	(3)	v
	0	1	0	1	(5)	v
	0	1	1	0	(6)	v
	1	0	0	1	(9)	v
第四グループ	0	1	1	1	(7)	v

第二段階のリスト

x_3	x_2	x_1	x_0	最小項	
0	**0**	**−**	**0**	(0,2)	
−	**0**	**0**	**0**	(0,8)	
0	0	1	−	(2,3)	v
0	−	1	0	(2,6)	v
1	**0**	**0**	**−**	(8,9)	
0	−	1	1	(3,7)	v
0	**1**	**−**	**1**	(5,7)	
0	1	1	−	(6,7)	v

第三段階のリスト

x_3	x_2	x_1	x_0	最小項
0	−	1	−	(2,3,6,7)

図 6・6 例題 6·3 の主項の生成

〔2〕最小被覆

次に主項表を用いて関数の最小項の最小被覆を求める．主項表では主項を縦軸に，論理関数の最小項を横軸に並べる．主項はリテラル数が少ないものを上に記載する．i 番目の行の主項が j 番目の最小項を被覆するとき，その交点に1を記入する．

例題 6・4

例題 6·3 で求めた f_a の主項表を示せ．

■答え

主項	最小項						
	0	2	3	5	6	7	8	9
$\bar{x}_3 x_1$		1	1		1	1		
$\bar{x}_3 \bar{x}_2 \bar{x}_0$	1	1						
$\bar{x}_2 \bar{x}_1 \bar{x}_0$	1						1	
$x_3 \bar{x}_2 \bar{x}_1$							1	1
$\bar{x}_3 x_2 x_0$				1		1		

図 6・7 例題 6·4 の主項表

最簡積和形を求めるためには，主項表においてすべての列を被覆する最小個数の行の集合を求めればよい．積項数（行数）が同じ場合，リテラル数が少ない積項が好ましいため，主項表の上位の行を多く含む最小被覆を求める．主項表を用いた最小被覆を求める手続きは以下のとおりである．必須行は 6·1 節の必須主項，行の支配関係は主項の支配関係と同じである．変化がなくなったとき終了する．

ステップ 1　必須行をすべて探し出し，最小被覆に含めたのち，表から除去する．必須行に被覆されている列も除去する．

ステップ 2　他の行に支配されている行をすべて探し出して除去する．

ステップ 3　列 r が 1 をもつすべての行に列 s が 1 を持つとき，列 s は列 r を支配するという．列 s に支配された列 r が被覆されるとき，必ず列 s も同時に被覆されるため，列 s の被覆は特に考える必要がない．したがって，他の列を支配している列をすべて探し出して除去し，ステップ 1 に戻る．

例題 6·5

例題 6·4 で求めた主項表を用いて f_a の最簡積和形を示せ．

■**答え**

特異最小項は，3, 5, 6, 9 であり，それらを被覆する $\bar{x}_3 x_1$（3, 6 を被覆），$x_3 \bar{x}_2 \bar{x}_1$（9 を被覆），$\bar{x}_3 x_2 x_0$（5 を被覆）が必須行である（図 6·8 (a)）．必須行と必須行に被覆された列を除去して，図 6·8 (b) を得る（ステップ 1）．

図 6·8 (b) では，$\bar{x}_2 \bar{x}_1 \bar{x}_0$ が $\bar{x}_3 \bar{x}_2 \bar{x}_0$ に支配されているため，$\bar{x}_2 \bar{x}_1 \bar{x}_0$ の行を除去し，図 6·8 (c) を得る（ステップ 2）．$\bar{x}_2 \bar{x}_1 \bar{x}_0$ が含む最小項 0 は $\bar{x}_3 \bar{x}_2 \bar{x}_0$ にも含まれており，$\bar{x}_2 \bar{x}_1 \bar{x}_0$ のリテラル数は $\bar{x}_3 \bar{x}_2 \bar{x}_0$ のリテラル数よりも小さくないためである．ただし，本例では支配関係を逆にすることも可能であり，別の最簡積和形が求まる．

列の支配関係は存在しないため，図 6·8 (c) の簡略化した主項表をもって，ステップ 1 に戻る（ステップ 3）．

図 6·8 (c) では，$\bar{x}_3 \bar{x}_2 \bar{x}_0$ が必須主項として選択される（ステップ 1）．

上記の結果，f_a の最簡積和形は $\bar{x}_3 x_1 \vee x_3 \bar{x}_2 \bar{x}_1 \vee \bar{x}_3 x_2 x_0 \vee \bar{x}_3 \bar{x}_2 \bar{x}_0$ と求まる．

6・3 最簡和積形

	最小項							
主項	0	2	3	5	6	7	8	9
必須 $\bar{x}_3 x_1$		1	1		1	1		
$\bar{x}_3 \bar{x}_2 \bar{x}_0$	1	1						
$\bar{x}_2 \bar{x}_1 \bar{x}_0$	1						1	
必須 $x_3 \bar{x}_2 \bar{x}_1$							1	1
必須 $\bar{x}_3 x_2 x_0$				1		1		

(a)

(b)　　　(c)

図 6・8　例題 6.5 の最小被覆を求める過程

最後にドントケアを含む場合の変更点を説明する．主項の生成においては，リテラル数が少ない主項を生成するため，ドントケアを 1 と取り扱ってキューブを生成する．一方，ドントケアは被覆しても被覆しなくてもよいため，主項表の横軸の最小項には含めない．

6・3 最簡和積形

和項数が最小の和積形の中でリテラル数が最小となる**最簡和積形**（minimum product of sums）を求める手続きを概説する．まず求めたい論理関数を f とすると，$\bar{f}$ の最簡積和形を求める．求めた最簡積和形の否定に対して，ド・モルガン則を 2 回適用することによって得られる和積形が最簡和積形である．

例題 6・6

表 5·2 中の論理関数 f_a について,最簡和積形を求めよ.

■答え

$\overline{f_a}$ の最簡積和形を求めると,$x_3x_2 \vee x_3x_1 \vee x_2\overline{x}_1\overline{x}_0 \vee \overline{x}_3\overline{x}_2\overline{x}_1x_0$ である(**図6·9**).
$\overline{\overline{f}}_a$ にド・モルガン則を 2 回適用して最簡和積形を求める.

$$\overline{\overline{f}}_a = \overline{x_3x_2 \vee x_3x_1 \vee x_2\overline{x}_1\overline{x}_0 \vee \overline{x}_3\overline{x}_2\overline{x}_1x_0} \tag{6・1}$$

$$= \overline{x_3x_2} \cdot \overline{x_3x_1} \cdot \overline{x_2\overline{x}_1\overline{x}_0} \cdot \overline{\overline{x}_3\overline{x}_2\overline{x}_1x_0} \tag{6・2}$$

$$= (\overline{x}_3 \vee \overline{x}_2) \cdot (\overline{x}_3 \vee \overline{x}_1) \cdot (\overline{x}_2 \vee x_1 \vee x_0) \cdot (x_3 \vee x_2 \vee x_1 \vee \overline{x}_0) \tag{6・3}$$

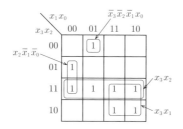

図 6·9 例題 6·6 の $\overline{f}_a$ のカルノー図

演習問題

1 次の論理関数 f のカルノー図を作成せよ
$f = (x_3 \lor x_1 \lor x_0) \cdot (\overline{x}_3 \lor \overline{x}_2 \lor \overline{x}_1 \overline{x}_0) \cdot (x_2 \lor x_0)$
ただし，$g = \overline{x}_3 x_1 \lor x_3 \overline{x}_2 x_0$ を 1 にする入力は禁止されている．

2 表 6·1 の f_a, f_b の最簡積和形を，カルノー図を用いてそれぞれ求めよ．

3 図 6·10 のカルノー図に対して，それぞれ最簡積和形を求めよ．

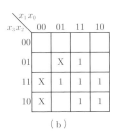

図 6·10 演習問題

4 表 5·2 の f_b の最簡積和形を，クワイン・マクラスキー法を用いて求めよ．

5 表 6·1 の f_b の最簡積和形を，クワイン・マクラスキー法を用いて求めよ．

6 表 5·2 の f_c の最簡和積形を求めよ．

7 $f = \overline{x}_3 x_0 \lor \overline{x}_2 x_0 \lor x_3 \overline{x}_0 \lor \overline{x}_1$, $g = x_2 \lor x_0$, $q = \overline{x}_3 \overline{x}_2 \lor \overline{x}_3 x_0$ に対して $f = gq \lor r$ を満たす r のうち積和形表現が最簡なものを求めよ．

7章 組合せ論理回路設計

5章,6章では論理式の簡単化を学んだ.本章では論理式から組合せ論理回路を実現する方法について学ぶ.組合せ論理回路を構成する基本要素である論理ゲートを紹介した後,それらを用いて論理式から組合せ論理回路を実現する.回路最適化や多出力関数の簡単化についても概要を紹介する.

7・1 組合せ論理回路と論理ゲート

組合せ論理回路(Combinational logic circuit)は n 個の入力と m 個の出力を持つ.各出力値は入力の論理変数を変数とする論理関数の計算値であり,出力値は入力値にのみ依存して一意に定まる.つまり,m 個の論理関数の出力を計算する回路である.組合せ論理回路は,1章,2章で紹介したNOTゲート,ANDゲート,ORゲートなどの論理ゲートを接続して構成する.各論理ゲート自身もいくつかの入力と出力をもち,入力に対して論理関数を計算し出力する組合せ論理回路である.ただし,組合せ回路内にはフィードバックループをもたない点に注意する.フィードバックループが存在すると回路内部に記憶を生じ,出力値が入力値にのみ依存して一意に定まらなくなる.なお,10章に出てくる順序回路は記憶をもつ回路(フリップフロップ)を用いた回路であり,そこで対比的に組合せ回路の位置づけがよりよく理解できる.

図7・1に論理ゲートのシンボル(MIL記号)と対応する論理関数を示す.小さな丸印(○)は否定を意味している.NANDゲートやNORゲートは,ANDゲートやORゲートの出力部分に丸印(○)がついており,ANDゲート,ORゲートの出力値を反転させるNAND, NORの論理演算となる.MOSトランジスタを用いた論理ゲートの実現方法については本章末のコラムを参照のこと.

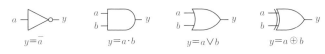

（a） NOT ゲート　（b） AND ゲート　（c） OR ゲート　（d） XOR ゲート

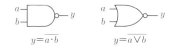

（e） NAND ゲート　（f） NOR ゲート

図 7・1　論理ゲートのシンボルと対応する論理関数

7・2 組合せ論理回路の実現

〔1〕AND, OR, NOT ゲートによる実現

基本的には論理式で与えられた論理関数に対して，論理演算を論理ゲートに置き換えて回路を実現する．

例題 7・1

論理関数 $f(x_2, x_1, x_0) = x_2 x_1 \overline{x}_0 \vee x_2 (\overline{x}_1 \vee x_0)$ を実現する組合せ論理回路を，AND, OR, NOT ゲートを用いて構成せよ．

■答え

各論理演算に対応する論理ゲートに置き換える（図 7・2 参照）．

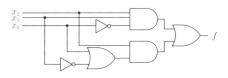

図 7・2　例題 7・1 の組合せ論理回路

〔2〕NAND, NOT ゲートによる実現

現在の CMOS 論理回路では，AND, OR を用いた回路よりも NAND, NOR を

用いた回路の方が動作速度や素子数の観点で好ましい（コラム参照）．NAND と NOR を比較した場合，NAND の方が動作速度の点で好ましい．そこで，AND, OR, NOT で構成された回路から NAND, NOT で構成された回路に変換する方法を紹介する．4 章では式変形で求めたが，ここでは回路図の変更で求める．

　NAND ゲートには二つの表現があることに注目する（図 7·3）．図 7·3 (a) は通常の NAND ゲートである．図 7·3 (b) は OR ゲートの入力部分に否定を意味する丸印（○）がついている．ここでド・モルガン則である $\overline{a \cdot b} = \bar{a} \vee \bar{b}$ を考える．左辺は NAND の論理演算そのものである．右辺は否定した入力の論理和となっており，図 7·3 (b) に対応している．このように NAND ゲートには二つの表現があり，これを活用する．なお，本章では紙面の都合上，右のシンボルを左の一般のシンボルに置き換えた解答を記載していないが，皆さんが解答を記載する際には左のシンボルを用いることが好ましい．

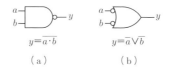

図 7·3　NAND ゲートの二つの表現

　NAND, NOT で構成された回路に変換するときには，積和形の形になった回路部分に注目する．図 7·4 (a) は AND ゲートの出力に OR ゲートが接続されており，$f(x_3, x_2, x_1, x_0) = x_3 x_2 \vee x_1 x_0$ は積和形で表されている．この回路に対して，AND ゲートの出力と OR ゲートの入力部分に否定を表す丸印（○）をそれぞれつける（図 7·4 (b)）．このとき AND ゲートと OR ゲートを接続するそれぞれの配

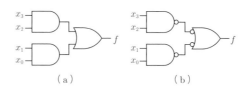

図 7·4　積和形部分の変換

7・2 ■ 組合せ論理回路の実現

線では，二重否定が行われており，もともとの左の回路から論理は変化していない．一方で，AND ゲートは NAND ゲートに，OR ゲートも図 7·3 (b) の NAND ゲートになっており，NAND ゲートのみで構成された回路に変換されている．

例題 7・2

図 7·5 (a), (b) の回路 A, B を NAND ゲート，NOT ゲートのみで実現せよ．

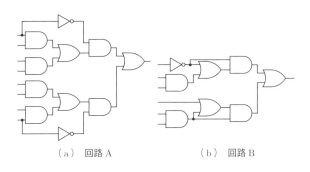

図 7・5　例題 7·2 の変換前の回路

■**答え**

(A) 積和形の部分を見つけて置き換えるとよい（図 7·6 (a)）．

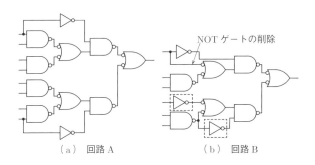

図 7・6　例題 7·2 の解答

(B) 積和形の部分の置換えを行う際に，各配線が二重否定となるように，必要に応じて NOT ゲートを追加する．図 7·6 (b) において，この目的のために

75

挿入されたNOTゲートは破線で囲われている．また元々NOTゲートがあった場合には逆に削除している．

7·3 組合せ回路の設計法

　一般に，良い組合せ回路は，動作が速くてゲート数が少ないものである．早い動作をする組合せ回路を実現するためには，論理信号が伝搬する論理ゲート段数が少ない方がよい．信号が論理ゲートを通過するには有限の遅延時間が必要であり，それらの時間の和が回路の動作速度の上限を与える．一方で，多段論理回路はこれまで考えてきた二段論理回路に比べて，ゲート数が少なくてすむことが多い．したがって，実用的な回路は多段論理回路で実現されているが，その設計手法は二段論理回路に比べて遙かに複雑である．興味があれば，別文献[*1]の10章を参照して欲しい．

　上記の良い組合せ回路を求める問題は非常に難しく，現実的な規模の回路では経験的な手法が用いられている．そこで，ここでは最適解を求めることはせず，小規模な良い組合せ回路を求める一般的な手続きを説明する．

- できるだけ簡単な論理式，つまり最簡積和形を求める（第5章，第6章）
- 求めた最簡積和形に対応する組合せ回路を実現する（7·2節）
- ファンイン数や使えるゲートの種類に制限があれば回路を変形する（7·3〔1〕節）
- 可能な簡単化を行う（7·3〔2〕節）

　出力が複数ある組合せ回路では，各出力の論理関数を個別に簡単化するのではなく，同時に簡単化した方が少ない論理ゲート数で回路が実現できる可能性がある．7·3〔3〕節で説明する．

〔1〕ファンイン制限

　論理ゲートの入力数をファンイン数と呼ぶ．論理関数を表す論理式を作成した場合，多変数の論理積や論理和が出てくることがある．この場合，多入力のAND

---

*1　笹尾勤，"論理設計スイッチング回路理論，"近代科学社．

7・3 組合せ回路の設計法

ゲートや OR ゲートに置き換えたいが，現実的なファンイン数の上限は 4 程度であり（本章末コラム参照），そのままでは組合せ論理回路として実現できない．このような場合には図 7・7 に示すように，複数の論理ゲートを用いて同じ論理関数を実現する．図 7・7 は三つの 4 入力 AND ゲートと一つの 3 入力 AND ゲートを用いて 12 変数の論理積を実現した例である．

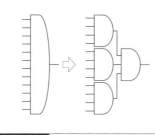

図 7・7 12 変数の論理積の実現例

〔2〕回路の簡単化

回路の簡単化は多岐にわたるため，ここではわかりやすい回路の簡単化例を，図 7・8 を用いて紹介するにとどめる．

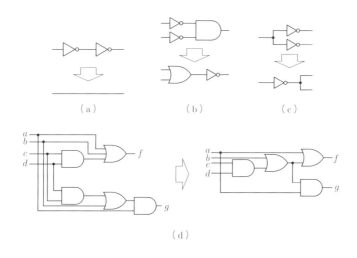

図 7・8 回路の簡単化

図 7.8 (a) の簡単化は二重否定の削除であり，冗長になっている二つの NOT ゲートを削除している．

図 7.8 (b) の簡単化はド・モルガンの法則（$\overline{x}_1 \cdot \overline{x}_0 = \overline{x_1 \vee x_0}$）を利用しており，入力側に二つあった NOT ゲートが出力側の一つに削減されている．

図 7.8 (c)(d) は回路の共有化である．(c) では分岐前に論理ゲートを移動することにより論理ゲートを削減している．(d) では，同じもしくは類似の論理式の計算を共有することによって必要な論理ゲート数を削減している．

〔3〕多出力論理関数の簡単化

論理関数が複数あり，それぞれを積和形で表して，組合せ回路として実現することを考える．これらの積和形の論理式に共通の積項が存在すると，組合せ回路として実現するときに AND ゲートが共有でき，必要なゲート数が削減できるので，全体の積項数の最小化が重要となる．一方，個々の論理関数の簡単化では，複数の論理関数を実現するために必要な積項数が最小になるとは限らない．

複数の論理関数（多出力論理関数）の簡単化においては，各関数の主項のみならず，関数のすべての組合せについてそれらの積の主項も求め，これらの主項による各々の関数の最小被覆を求める．具体的な方法を次の例題を用いて説明する．

例題 7・3

図 7.9 で表された論理関数 f_a, f_b, f_c の最簡多出力論理関数を求めよ．

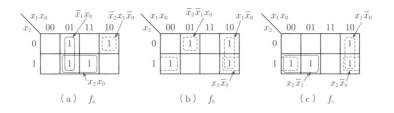

図 7・9　例題 7.3 の f_a, f_b, f_c のカルノー図

■答え

f_a, f_b, f_c の主項に加えて，$f_a \cdot f_b, f_b \cdot f_c, f_c \cdot f_a, f_a \cdot f_b \cdot f_c$ の主項を列挙する（図 7·10）．

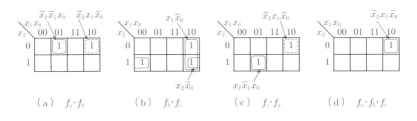

図 7·10 例題 7·3 の $f_a \cdot f_b, f_b \cdot f_c, f_c \cdot f_a, f_a \cdot f_b \cdot f_c$ のカルノー図

ここで，f_a の最小項は，$f_a, f_a \cdot f_b, f_c \cdot f_a, f_a \cdot f_b \cdot f_c$ に含まれる主項を用いて被覆する．ここで，$f_a \cdot f_b \cdot f_c$ に含まれる主項 $\overline{x}_2 x_1 \overline{x}_0$ は $f_a, f_a \cdot f_b, f_c \cdot f_a$ にも主項として含まれている．このとき，$f_a \cdot f_b \cdot f_c$ に含まれる主項 $\overline{x}_2 x_1 \overline{x}_0$ は，f_a だけでなく f_b, f_c の被覆にも利用できるため，$f_a, f_a \cdot f_b, f_c \cdot f_a$ に含まれる $\overline{x}_2 x_1 \overline{x}_0$ よりも優先して被覆に利用すべきである．このような優先関係により被覆に用いられない主項を図 7·9，図 7·10 では点線で示している．

クワイン・マクラスキー法で用いた主項表による最小被覆の導出を適用する（図 7·11）．f_a, f_b, f_c それぞれについて必須行を探し出して，最小被覆に加える．ここでは図 7·11（a）の左に必須と書いた行が該当する．これらの必須行に被覆された最小項を除くと，残された被覆すべき最小項は f_c の 5 のみである．この最小項を被覆可能な主項のうち，リテラル数の小さい $x_2 \overline{x}_1$ を選択する．

この結果，f_a, f_b, f_c の最簡多出力論理関数は以下のようになる．

$$f_a = x_2 x_0 \vee \overline{x}_2 \overline{x}_1 x_0 \vee \overline{x}_2 x_1 \overline{x}_0 \tag{7·1}$$

$$f_b = x_2 \overline{x}_0 \vee \overline{x}_2 \overline{x}_1 x_0 \vee \overline{x}_2 x_1 \overline{x}_0 \tag{7·2}$$

$$f_c = x_2 \overline{x}_0 \vee x_2 \overline{x}_1 \vee \overline{x}_2 x_1 \overline{x}_0 \tag{7·3}$$

主項		f_aの最小項 1 2 5 7	f_bの最小項 1 2 4 6	f_cの最小項 2 4 5 6
	$\bar{x}_1 x_0$ (f_a)	1 1		
必須	$x_2 x_0$ (f_a)	1 1		
	$x_2 \bar{x}_1$ (f_c)			1 1
	$x_1 \bar{x}_0$ ($f_b f_c$)		1 　　1	1 　　1
必須	$x_2 \bar{x}_0$ ($f_b f_c$)		1 1	1 　1
必須	$\bar{x}_2 \bar{x}_1 x_0$ ($f_a f_b$)	1	1	
	$\bar{x}_2 \bar{x}_1 x_0$ ($f_c f_a$)	1		1
必須	$\bar{x}_2 x_1 \bar{x}_0$ ($f_a f_b f_c$)	1	1	1

(a)

主項		f_cの最小項 5
	$x_2 \bar{x}_1$ (f_c)	1
	$x_2 \bar{x}_1 x_0$ ($f_c f_a$)	1

(b)

図 7・11 例題 7.3 の主項表を用いた最小被覆の導出

Column | CMOS 回路

現在,論理回路は PMOS トランジスタと NMOS トランジスタを相補的に用いた CMOS 回路として一般に実現されている.**図 7.12** に PMOS トランジスタ,NMOS トランジスタの図記号とスイッチとしての動作を示す.PMOS トランジスタは g=0(グラウンド電位:GND)のとき,スイッチがオンとなり,s と d が導通する.NMOS トランジスタは g=1(電源電位:VDD)のとき,スイッチがオン

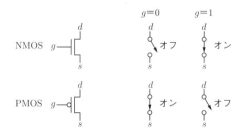

図 7・12 PMOS トランジスタと NMOS トランジスタ

となる.

このスイッチの動作を用いると NOT ゲートや NAND ゲートは図7·13 で実現できる.真理値表の各行において,PMOS,NMOS トランジスタのオン・オフを確認し,出力が VDD か GND のいずれに接続されているかを調べると動作が理解できる.PMOS トランジスタ部分と NMOS トランジスタ部分の回路構成が双対となっているため,出力は VDD と GND の両方に同時に接続されることはない.

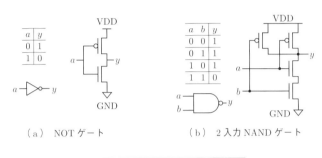

(a) NOT ゲート　　　(b) 2入力 NAND ゲート

図 7·13 CMOS 論理ゲート

ここで,CMOS 論理ゲートは基本的に反転論理(INV,NAND,NOR)しか実現できないことに注意する.したがって,AND ゲートは NAND ゲート+NOT ゲート,OR ゲートは NOR ゲート+NOT ゲートで実現する必要があり,AND,OR ゲートで論理回路を構成するよりも,NAND,NOR ゲートで構成した方がトランジスタ数(面積)の観点で効率的である.さらに,MOS トランジスタは理想的なスイッチではなく抵抗や容量を含むため,信号が論理ゲートを伝搬する際に遅れ時間(遅延時間と呼ぶ)が発生する.このため,NAND,NOR ゲートは AND,OR ゲートよりも遅延時間が小さく,動作速度の観点でも有利である.また,ファインが大きな論理ゲートは PMOS トランジスタあるいは NMOS トランジスタの直列接続数が増加する.例えば,4入力 NAND ゲートでは NMOS トランジスタが四つ直列に接続される.MOS トランジスタの直列接続数が大きくなると抵抗値が大きくなり,動作が遅くなる.そのため,ファンイン数が大きな論理ゲートは実際の設計では利用されていない.

CMOS 論理ゲートの相対的な面積と遅延時間の具体例を**表 7·1** に示す.いずれも,NOT ゲートの面積と遅延時間を 1 として表している.2入力の NAND ゲートの相対遅延時間は 1.2 で,2入力 AND ゲートの相対遅延時間 2.2 と比較してかなり小さい.また,同一の NAND ゲートでも入力数が 4 となると相対遅延時間が 1.5 に増加している.

7章 組合せ論理回路設計

表 7・1 論理ゲートの相対的な面積と遅延時間の例

ゲートの種類	入力数	相対面積	相対遅延時間
NOT	1	1.0	1.0
NAND	2	1.3	1.2
NAND	3	1.7	1.3
NAND	4	2.3	1.5
NOR	2	1.3	1.2
NOR	3	1.7	1.3
NOR	4	2.3	1.6
XOR	2	2.7	1.8
XOR	3	7.0	4.0
AND	2	1.7	2.2
AND	3	2.3	2.4
AND	4	2.7	2.6
OR	2	1.7	2.5
OR	3	2.3	2.7
OR	4	2.7	3.0

演習問題

1 図 7・2 の組合せ回路を, NAND, NOT ゲートで実現せよ.

2 例題 7・3 の f_a, f_b, f_c に対してそれぞれ最簡積和形を求め, 組合せ論理回路を AND, OR, NOT ゲートを用いて実現せよ.

3 例題 7・3 で求めた f_a, f_b, f_c に対する最簡多出力論理関数を用いて, 組合せ論理回路を AND, OR, NOT ゲートを用いて実現せよ.

4 次の論理関数 f_a, f_b を同時に実現する最簡多出力論理関数を求めよ.

$$f_a = \overline{x}_2\overline{x}_0 \vee \overline{x}_2 x_1$$
$$f_b = x_1 x_0 \vee x_2 x_1$$

5 次の論理関数 f_a, f_b を同時に実現する最簡多出力論理関数を求めよ．

$f_a = \overline{x}_2\overline{x}_0 \vee \overline{x}_2 x_1 \vee x_1 \overline{x}_0$

$f_b = \overline{x}_2\overline{x}_1\overline{x}_0 \vee x_2 x_0 \vee x_2 x_1$

8章 よく用いられる組合せ回路

プロセッサに代表される集積回路には，定番回路としてよく用いられる組合せ回路が存在する．これらの機能を知っておくことは，計算機システムの理解においても重要である．本章では，代表的な組合せ回路を取り上げて，その機能と回路構成を学ぶ．ただし，加減算器や算術論理演算ユニット（ALU）は次の9章で取り上げる．

8·1 2進デコーダ

2進デコーダ（binary decoder）は，n 個の入力 $i_{n-1}, \cdots, i_0$ に対して，2^n 個の出力 $o_{2^n-1}, \cdots o_0$ の出力をもつ．入力 $(i_{n-1}, i_{n-2}, \cdots, i_0)$ を2進数と見なし，その10進数表記を k とすると，2進デコーダは k 番目の出力 o_k のみに1を出力し，他の出力には0を出力する．

$n = 3$ の場合の2進デコーダについて，真理値表を**表8·1**に，回路図を**図8·1**に示す．

表8·1 2進デコーダ ($n = 3$) の真理値表

i_2	i_1	i_0	o_7	o_6	o_5	o_4	o_3	o_2	o_1	o_0
0	0	0	0	0	0	0	0	0	0	1
0	0	1	0	0	0	0	0	0	1	0
0	1	0	0	0	0	0	0	1	0	0
0	1	1	0	0	0	0	1	0	0	0
1	0	0	0	0	0	1	0	0	0	0
1	0	1	0	0	1	0	0	0	0	0
1	1	0	0	1	0	0	0	0	0	0
1	1	1	1	0	0	0	0	0	0	0

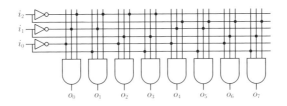

図 8・1　2 進デコーダの回路図

8・2　2 進エンコーダ

2 進エンコーダ（binary encoder）は，2 進デコーダとは逆に，2^n 個の入力 $i_{2^n-1}, \cdots i_0$ と n 個の出力 $o_{n-1}, \cdots o_0$ をもつ．2^n 個の入力うち，一つだけが 1 となり他は 0 であるとする．k 番目の入力が 1 のとき，k の 2 進数表現が $(o_{n-1}, o_{n-2}, \cdots, o_0)$ に出力される．

表 8・2　2 進エンコーダ ($n = 3$) の真理値表

i_7	i_6	i_5	i_4	i_3	i_2	i_1	i_0	o_2	o_1	o_0
0	0	0	0	0	0	0	1	0	0	0
0	0	0	0	0	0	1	0	0	0	1
0	0	0	0	0	1	0	0	0	1	0
0	0	0	0	1	0	0	0	0	1	1
0	0	0	1	0	0	0	0	1	0	0
0	0	1	0	0	0	0	0	1	0	1
0	1	0	0	0	0	0	0	1	1	0
1	0	0	0	0	0	0	0	1	1	1

表 8·2 に $n = 3$ の場合の 2 進エンコーダの真理値表を示す．出力 o_2, o_1, o_1 の論理式は以下のように表され，OR ゲートのみを用いて実現できることがわかる．

$$o_2 = i_7 \vee i_6 \vee i_5 \vee i_4 \quad o_1 = i_7 \vee i_6 \vee i_3 \vee i_2 \quad o_0 = i_7 \vee i_5 \vee i_3 \vee i_1 \quad (8 \cdot 1)$$

表 8·2 のエンコーダは，$i_{2^n-1}, \cdots i_0$ のうち，一つしか 1 が入力されない場合しか用いることができない．複数の 1 が入力される場合があるとき，入力に優先順

位を付けたプライオリティエンコーダが用いられる．表8·3にiの添字が大きい入力が優先される**プライオリティエンコーダ（priority encoder）**の真理値表を示す．また，図8·2に回路図を示す．

表 8·3 2進プライオリティエンコーダ ($n=3$) の真理値表

i_7	i_6	i_5	i_4	i_3	i_2	i_1	i_0	o_2	o_1	o_0
0	0	0	0	0	0	0	1	0	0	0
0	0	0	0	0	0	1	X	0	0	1
0	0	0	0	0	1	X	X	0	1	0
0	0	0	0	1	X	X	X	0	1	1
0	0	0	1	X	X	X	X	1	0	0
0	0	1	X	X	X	X	X	1	0	1
0	1	X	X	X	X	X	X	1	1	0
1	X	X	X	X	X	X	X	1	1	1

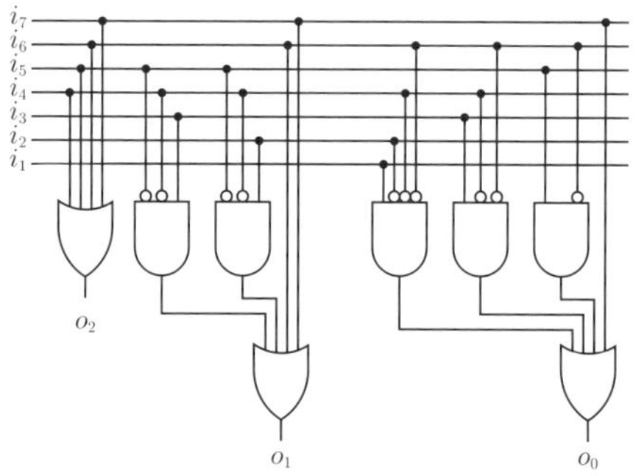

図 8·2 プライオリティエンコーダ ($n=3$) の回路図

8·3 マルチプレクサ

マルチプレクサ（multiplexer）は，nビットの制御入力$s_{n-1},\cdots,s_0$の値によって，2^n個のデータの入力$i_{2^n-1},\cdots i_0$のいずれかを出力oに出力する回路である．マルチプレクサは**セレクタ（selector）**とも呼ばれる．

例題 8・1

例として $n=2$ とし,$(s_1, s_0) = (0,0), (0,1), (1,0), (1,1)$ のときにそれぞれ i_0, i_1, i_2, i_3 を o に出力するマルチプレクサを考える.出力 o の積和形の論理式を求めよ.また,出力 o を実現する論理回路を NAND ゲートと NOT ゲートを用いて実現せよ.

■答え

$$o = i_0 \bar{s}_1 \bar{s}_0 \lor i_1 \bar{s}_1 s_0 \lor i_2 s_1 \bar{s}_0 \lor i_3 s_1 s_0 \tag{8・2}$$

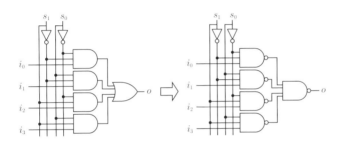

図 8・3 4 入力マルチプレクサの回路図

8・4 比較回路

二つの n ビットの 2 進数 $X = (x_{n-1}, \cdots, x_0)$,$Y = (y_{n-1}, \cdots, y_0)$ が入力され,$X > Y$ のとき,出力 o に 1 を出力し,$X \leq Y$ のとき 0 を出力する**比較回路** (comparator circuit) を考える.$2n$ 個の入力変数をもつ組合せ回路を,5 章で学んだカルノー図を用いて最簡積和形を求めて設計することは,n が 3 以上になると難しい.そこで,二つの考え方で比較回路を設計する.

〔1〕 考え方 1

中間変数 g_i, e_i を考える $(0 \leq i \leq n-1)$.g_i は,$x_i > y_i$ のときに 1 となり,それ以外のときは 0 である.e_i は,$x_i = y_i$ のときに 1 となり,それ以外のときは 0

である．このとき，g_i, e_i はそれぞれ以下の論理式で表される．

$$g_i = x_i \overline{y_i} \qquad e_i = x_i y_i \vee \overline{x_i}\,\overline{y_i} \qquad (8\cdot 3)$$

ここで，例として $n = 3$ の場合を考える．数の比較において上位の桁の大小関係がより重要であることを考えると，o は次のように表される．

$$o = g_2 \vee e_2 \cdot (g_1 \vee e_1 g_0) \qquad (8\cdot 4)$$

$$= x_2 \overline{y_2} \vee (x_2 y_2 \vee \overline{x_2}\,\overline{y_2}) \cdot (x_1 \overline{y_1} \vee (x_1 y_1 \vee \overline{x_1}\,\overline{y_1}) \cdot x_0 \overline{y_0}) \qquad (8\cdot 5)$$

〔2〕考え方2

各桁において，入力 x_i, y_i と下位桁の比較結果 c_i を用いて，その桁の比較結果 c_{i+1} を出力する1ビットの比較器を考える．各桁では $x_i > y_i$ のとき c_{i+1} が1，$x_i < y_i$ のとき c_{i+1} は0と，下位の桁の結果によらず c_{i+1} の値が決まる．一方，$x_i = y_i$ のときには，下位桁の比較結果 c_i が c_{i+1} の値となる．この c_{i+1} の真理値表は**表 8·4** で表され，最簡積和形は $c_{i+1} = x_i \overline{y_i} \vee c_i x_i \vee c_i \overline{y_i}$ である．回路図は**図 8·4** (a) で表される．この1ビット比較器を直列に接続すると，図 8·4 (b) のように n ビットの比較器を構成できる．このように基本ブロックを組み合わせた回路設計は大きな回路や多入力回路の設計に適している．

表 8·4 1ビット比較器の真理値表

c_i	x_i	y_i	c_{i+1}
0	0	0	0
0	0	1	0
0	1	0	1
0	1	1	0
1	0	0	1
1	0	1	0
1	1	0	1
1	1	1	1

8·5 パリティ生成

パリティビットは，データの保存や通信において利用される簡単な誤り検出符

8・5 パリティ生成

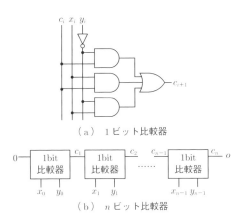

(a) 1ビット比較器

(b) nビット比較器

図8・4 比較器の回路図

号である．与えられたnビットのデータに対して1ビットのパリティビットを加え，$(n+1)$ビット中に含まれる1の数が偶数（あるいは奇数）となるように，パリティビットの値は定められる．通信時に利用した場合，受信側で$(n+1)$ビット中の1の数を数え，偶数（あるいは奇数）であるかを確認すると，1ビットエラーの有無が検出できる．

4ビットのデータに対してパリティビットを生成する回路，ならびに1ビットエラーを検出するパリティビットチェック回路を図8・5に示す．この例では，4ビットの排他的論理和（$x_1 \oplus x_2 \oplus x_3 \oplus x_4$）が1のとき，5ビット目にパリティビットとして1を与えることで5ビット中に含まれる1の数が常に偶数になるようにパリティビットを生成している．

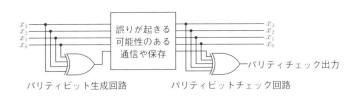

図8・5 パリティビット生成回路とパリティビットチェック回路

演習問題

1 図 8·1 で示した $n=3$ の 2 進デコーダにイネーブル信号 $enable$ を追加する. $enable = 0$ のとき,出力 $o_0 \sim o_7$ はすべて 0 となり,$enable = 1$ のとき出力はイネーブル信号を追加する前のデコーダと等しい.$n=3$ のイネーブル付き 2 進デコーダの真理値表を示し,AND, NOT ゲートを用いて設計せよ.

2 $n=2$ のイネーブル付き 2 進デコーダと $n=3$ のイネーブル付き 2 進デコーダがある.これらを組み合わせて $n=5$ のイネーブル付き 2 進デコーダを構成せよ.

3 4 入力マルチプレクサを用いて 16 入力マルチプレクサを構成せよ.

Column｜プログラマブル論理回路

一般に論理回路を集積回路中に実現する場合,設計した論理回路を実現する専用集積回路を製造する.一方で,専用集積回路よりも性能が劣るものの,製造後にユーザの手元で論理機能が定義変更できるプログラマブル集積回路も存在する.ここでは,代表的なプログラマブル集積回路として PLA (programmable logic array) と FPGA (field programmable gate array) を紹介する.

▶PLA

PLA は積和形の論理関数の実現に適したプログラマブル論理回路である.図 8·6 に PLA の概略図を示す.AND プレーンに入力論理変数とその否定を縦配線で入力し,交点を選択的に接続することで各横配線に積項を実現する.OR プレーンでは,AND プレーンで生成した積項配線との交点を選択的に接続することで各縦配線に所望の積和形論理関数を実現する.

▶FPGA

FPGA では図 8·7 に示したルックアップテーブル回路と呼ばれる回路を用いて論理関数を実現する.ルックアップテーブルは真理値表を直接的に実現する回路である.各最小項の値 ($s_0 \sim s_7$) を記憶素子に格納し,入力信号 (x_0, x_1, x_2) の値に応じて該当する最小項の値をセレクタで選択して y に出力する.図では 3 変数の論理関数を実現するルックアップテーブル回路であるため,8 個の 1 ビットの記憶素子と,8 入力マルチプレクサを用いて実現されている.

演習問題

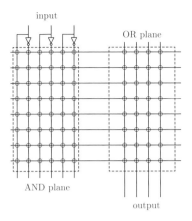

図 8・6 PLA 回路

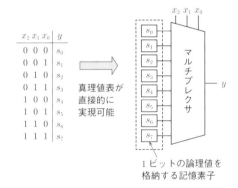

図 8・7 ルックアップテーブル回路

9章 加減算器とALU

本章では,コンピュータでの算術演算と論理演算を実行する基本的な演算器について説明する.まず,算術演算の基本演算器である加算器の構成方法について説明する.加算器の代表的な構成方法として,逐次桁上げ加算方式と桁上げ先見加算方式の2種類の演算器について説明する.次に,加減算器および2進化10進加算器について説明する.最後に算術論理演算ユニット(ALU)の構成方法について説明する.

9・1 逐次桁上げ加算器

本書の1章で説明した**全加算器**(full adder)の論理回路を,**図9・1**(a)に示す.同図で,論理ゲートの中に書かれた数字は7章の表7・1に示した,ゲートの遅延時間である.また,出力信号の右側に書かれた数字は,それぞれの信号の最大遅延時間である.この全加算器を**図9・2**のように n ($n > 0$) 個接続することによって,n 桁の2進数の加算器が実現できる.同図で,FAと書かれた箱(モジュール)は全加算器を表している.図9・2の加算器は,桁上げ出力が**最下位桁**(least significant bit: LSB)から**最上位桁**(most significant bit: MSB)に向かって1ビットずつ逐次的に伝搬していくので,**逐次桁上げ加算器**(ripple carry adder: RCA)と呼ばれている.

以下では,n ビット加算器の入力を

$$X = (x_{n-1}, x_{n-2}, \cdots, x_0) \tag{9・1}$$

$$Y = (y_{n-1}, y_{n-2}, \cdots, y_0) \tag{9・2}$$

で表す.また,最下位桁への桁上げ入力を c_{-1} で表す.

逐次桁上げ加算器では,i 桁目の入力 x_i および y_i は,下位から i 番目の全加算器の入力 x および y にそれぞれ接続する.また,全加算器の i 桁目の桁上げ出力 c_i は,上位桁の全加算器の桁上げ入力 z に接続する.

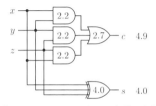
（a） AND, OR, XOR ゲートを用いた実装

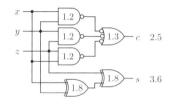
（b） NAND, XOR ゲートを用いた実装(1)

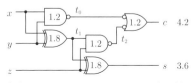
（c） NAND, XOR ゲートを用いた実装(2)

図 9・1 全加算器

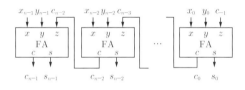

図 9・2 逐次桁上げ加算器

加算器の出力は

$$S = (s_{n-1}, s_{n-2}, \cdots, s_0) \tag{9・3}$$

および c_{n-1} である．ここで S は加算結果である**和**（sum）を表し，c_{n-1} は最上位桁からの**桁上げ出力**（carry output）を表している．

9・2 逐次桁上げ加算器の遅延時間

組合せ論理回路の最大遅延時間は次のようにして計算できる．まず，組合せ論理回路を，閉路を含まない有向グラフで表現する．組合せ論理回路 C の入力端子の集合を $X = \{x_i | i = 1, \cdots, n\}$ で，出力端子の集合を $Y = \{y_j | j = 1, \cdots, m\}$

で表す．

入力端子 x_i と出力端子 y_j の間には，一般に複数の経路が存在する．これらの端子間の経路上の論理ゲートの遅延時間と論理ゲート間の配線の遅延時間の合計を，その経路の遅延時間と定義し，$t_{i,j}$ で表す．出力端子 y_j に対応する出力信号の遅延時間 T_j は次式のように，すべての i についての $t_{i,j}$ の最大値で定義する．

$$T_j = \max_i t_{i,j} \tag{9・4}$$

また，組合せ論理回路 C の遅延時間 $T(C)$ を次式で定義する．

$$T(C) = \max_j T_j \tag{9・5}$$

この式の右辺の最大値を与える経路を**最大遅延経路**（critical path）と呼ぶ．配線遅延が無視できる場合には，組合せ論理回路の遅延時間は経路上の論理ゲートの遅延時間の総和の最大値で近似できる．

大規模集積回路は，主に **CMOS**（Complementary Metal Oxide Semiconductor）技術を用いて製造されている．7 章のコラムで説明したように，CMOS 回路では，NAND ゲートや NOR ゲートのように否定出力をもつ論理ゲートの方が，AND ゲートや OR ゲートのように肯定出力をもつ論理ゲートよりも構造が簡単であり，面積も小さく，遅延時間も短くなる場合が多い．

逐次桁上げ加算器の遅延時間は次のようにして見積ることができる．任意の論理回路は，AND-OR 形の二段の論理回路によって表現できるが，これは NAND-NAND 形の二段の論理ゲートでも実現できる．たとえば，図 9・1 (a) の全加算器の回路を NAND ゲートと XOR ゲートを用いた論理回路で実現すると，図 9・1 (b) のようになる．この図で，論理ゲートの中に書かれた数字および出力信号の右に書かれた数字は，NOT ゲートを 1 とした相対的な遅延時間を表している．

以下では，7 章の表 7・1 に示した各種論理ゲートの相対的な遅延時間を用いて回路の遅延時間の計算をする．遅延時間は，NOT ゲートの遅延時間を T [s] として表現する．

図 9・1 (a) の全加算器の出力信号 s および c の遅延時間とこの回路の遅延時間はそれぞれ次のようにして計算できる．

2 入力 AND ゲートの遅延時間が $2.2T$，3 入力 OR ゲートの遅延時間が $2.7T$ なので，桁上げ出力信号 c の遅延時間 T_c は，$2.2T + 2.7T = 4.9T$ となる．また，3

入力 XOR ゲートの遅延時間が $4.0T$ なので，和出力信号 s の遅延時間は $4.0T$ となる．この全加算器の遅延時間は，$\max(4.0T, 4.9T) = 4.9T$ となる．

この回路を用いて，n 桁の逐次桁上げ加算器を実装すると，遅延時間は，$4.9nT$ となる．最大遅延経路は，任意の入力から桁上げ出力信号（c）に至る経路である．

例題 9・1

図 9・1 (b) の全加算器の出力信号 s および c の遅延時間と，全加算器全体の遅延時間を計算せよ．

■**答え**

2 入力 NAND ゲートの遅延時間が $1.2T$，3 入力 OR ゲートの遅延時間が $1.3T$ なので，桁上げ出力信号 c の遅延時間は，$T_c = 2.5T$ となる．また，2 入力 XOR ゲートの遅延時間が $1.8T$ なので，和出力信号 s の遅延時間は $T_s = 3.6T$ となる．したがって，全加算器全体の遅延時間は，$3.6T$ となる．

図 9・1 (b) の全加算器を用いて，n 桁の逐次桁上げ加算器を実装すると，回路の遅延時間は $(2.5 \times (n-1) + 3.6)T = (2.5n + 1.1)T$ となり，図 9・1 (a) の全加算器を用いて実装した場合よりも回路の遅延時間が短くなる．この回路の最大遅延経路は，$(n-1)$ 段目までの桁上げ信号の経路と最終段の 2 つの 2 入力 XOR ゲートである．

さらに，図 9・1 (b) の論理回路を図 9・1 (c) のように修正する．これらの二つの論理回路は等価である（演習問題 (1)）．図 9・1 (c) の全加算器を用いて，n 桁の逐次桁上げ加算器を実装すると，回路の遅延時間は $4.2nT$ となる．

したがって，図 9・1 (c) の全加算器の遅延時間は図 9・1 (a) の全加算器の遅延時間よりは短いが図 9・1 (b) の全加算器の遅延時間よりは長い．図 9・1 (a)，(b)，(c) の全加算器の相対面積はそれぞれ，$14.4, 11, 9.3$ であり，図 9・1 (c) の全加算器の面積が最小である．図 9・2 の回路の最大遅延経路は，入力 x_0, y_0 から桁上げ信号 c_{n-1} または和信号 s_{n-1} に至る経路である．

逐次桁上げ加算器では，桁上げ信号が最下位桁から最上位桁に向かって逐次的に伝搬していく．そのため，演算対象の数値の桁数を n とすると，逐次桁上げ加算器の最大遅延時間は $O(n)$ となる．図 9・1 (b) の全加算器を用いた 4 ビット，16 ビット，64 ビットの逐次桁上げ加算器の遅延時間はそれぞれ，$11.1T, 41.1T, 161.1T$ となる．

9・3 桁上げ先見加算器

前節で述べた逐次桁上げ加算器は，n 桁の 2 進数の加算に要する時間が n に比例して増えることになるので，桁数の多い数値の加算に適していない．この節で紹介する**桁上げ先見加算器**（carry look-ahead adder: CLA）の最大遅延時間は $O(\log_2 n)$ であり，演算対象の桁数が多い場合にも効率よく加算を実行できる．

桁上げ先見加算器の構成は，次の原理に基づいている．まず，第 i 桁目の桁上げ信号 c_i $(i>0)$ は，次の式で計算される．

$$c_i = (x_i \cdot y_i) \vee (x_i \cdot c_{i-1}) \vee (y_i \cdot c_{i-1}) \tag{9・6}$$

$$= (x_i \cdot y_i) \vee ((x_i \oplus y_i) \cdot c_{i-1}) \tag{9・7}$$

式 (9・7) の中で，$g(x_i, y_i) = x_i \cdot y_i$ は，**桁上げ生成関数**（carry generation function），$p(x_i, y_i) = x_i \oplus y_i$ は，**桁上げ伝搬関数**（carry propagation function）と呼ばれる．桁上げ生成関数の値が 1 の場合には，下位の桁からの桁上げ信号の値にかかわらず上位桁への桁上げが発生する．次に，桁上げ生成関数の値が 0 であり，桁上げ伝搬関数の値が 1 である場合には，下位の桁からの桁上げ信号の値がそのまま上位桁に伝搬される．さらに，桁上げ生成関数の値が 0 であり，桁上げ伝搬関数の値も 0 である場合には，下位の桁からの桁上げ信号の値にかかわらず桁上げは発生しない．

以下では簡潔に表現するため，$g(x_i, y_i)$, $p(x_i, y_i)$ をそれぞれ g_i, p_i で表す．g_i および p_i の値は，下位の桁からの桁上げ信号の値を用いることなく，x_i および y_i の値のみを用いてそれぞれ AND ゲートおよび排他的論理和ゲート 1 段分の遅延時間で決定できる．

第 i 桁への桁上げ c_{i-1} が決定されれば，第 i 桁の和出力 s_i および第 i 桁の桁上げ出力 c_i は，p_i および g_i を用いてそれぞれ次の漸化式によって計算できる．

$$s_i = x_i \oplus y_i \oplus c_{i-1}$$

$$= p_i \oplus c_{i-1} \tag{9・8}$$

$$c_i = x_i \cdot y_i \vee ((x_i \oplus y_i) \cdot c_{i-1})$$

$$= g_i \vee (p_i \cdot c_{i-1}) \tag{9・9}$$

しかし，この式のままでは，桁上げ信号を逐次的に計算することになり，遅延

時間が短縮できない.そこで,各 c_i を $(x_i, x_{i-1}, \cdots, x_0)$, $(y_i, y_{i-1}, \cdots, y_0)$ および c_{-1} だけを用いて書き直すと,それぞれ次のようにして計算できる.

$$c_0 = g_0 \vee (p_0 \cdot c_{-1}) \tag{9・10}$$

$$\begin{aligned} c_1 &= g_1 \vee (p_1 \cdot c_0) \\ &= g_1 \vee \{p_1 \cdot (g_0 \vee p_0 \cdot c_{-1})\} \\ &= g_1 \vee (p_1 \cdot g_0) \vee (p_1 \cdot p_0 \cdot c_{-1}) \end{aligned} \tag{9・11}$$

$$\begin{aligned} c_2 &= g_2 \vee (p_2 \cdot c_1) \\ &= g_2 \vee \{p_2 \cdot (g_1 \vee p_1 \cdot g_0 \vee p_1 \cdot p_0 \cdot c_{-1})\} \\ &= g_2 \vee (p_2 \cdot g_1) \vee (p_2 \cdot p_1 \cdot g_0) \vee (p_2 \cdot p_1 \cdot p_0 \cdot c_{-1}) \end{aligned} \tag{9・12}$$

$$\begin{aligned} c_3 &= g_3 \vee (p_3 \cdot c_2) \\ &= g_3 \vee \{p_3 \cdot (g_2 \vee p_2 \cdot g_1 \vee p_2 \cdot p_1 \cdot g_0 \vee p_2 \cdot p_1 \cdot p_0 \cdot c_{-1})\} \\ &= g_3 \vee (p_3 \cdot g_2) \vee (p_3 \cdot p_2 \cdot g_1) \vee (p_3 \cdot p_2 \cdot p_1 \cdot g_0) \vee (p_3 \cdot p_2 \cdot p_1 \cdot p_0 \cdot c_{-1}) \end{aligned}$$
$$\tag{9・13}$$

これらの式に基づいて構成した4ビット桁上げ先見加算器の論理回路図を図9·3に示す.また以下では,同図で点線で囲われた部分回路を,「CLA-4」という名前で参照する.

同図では,桁上げ信号(c_3, c_2, c_1, c_0)や4ビット単位での桁上げ生成関数 G などが積和形の論理関数の代わりに2段の NAND ゲート回路によって実装されている.これは,表7·1に示したように,NAND ゲートの遅延時間が同じ入力数の AND ゲートや OR ゲートの遅延時間よりもかなり短いからである.

5ビット以上の桁数の2進数を加算する場合には,複数値の4ビット桁上げ先見加算器をツリー状に接続する方法が有効である.図9·4に,4ビット桁上げ先見加算器(CLA-4)を5個用いた,16ビット桁上げ先見加算器の構成方法を示す.この回路では,4個のCLA-4を用いてそれぞれ4ビットの加算を実行する.5個目のCLA-4の g_i, p_i ($i = 3, \cdots, 0$) 入力には,4個のCLA-4の G および P 出力をそれぞれ接続する.これらの信号を用いて,5個目のCLA-4は,4ビットごとの桁上げ出力を計算する.桁上げ出力 c_2, c_1, c_0 は,対応する3個のCLA-4の桁上げ入力 c_{11}, c_7, c_3 にそれぞれ接続する.

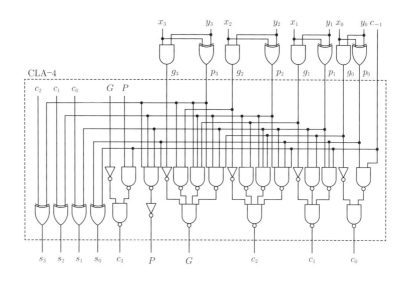

図9・3 4ビット桁上げ先見加算器の論理回路図

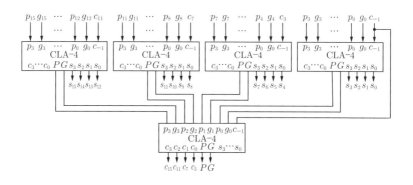

図9・4 16ビット桁上げ先見加算器の構成方法

さらに長い桁数の加算を実行するためには，上記の方法を再帰的に適用すればよい．図9.5に，4個の16ビット桁上げ先見加算器と1個のCLA-4を用いた64ビット桁上げ先見加算器の構成方法を示す．この回路でも，CLA-4の16ビットごとの桁上げ出力 c_2, c_1, c_0 は3個の16ビット桁上げ先見加算器の桁上げ入力 c_{43}, c_{31}, c_{15} にそれぞれ接続する．

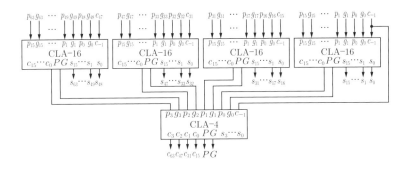

図 9・5 64 ビット桁上げ先見加算器の構成方法

9・4 桁上げ先見加算器の遅延時間

図 9·3 に示す桁上げ先見加算器の遅延時間を逐次桁上げ加算器の遅延時間と比較してみよう．遅延時間の計算には，7 章で示した表 7·1 を用いる．まず，桁上げ伝搬信号 p_i は入力信号 x_i および y_i の排他的論理和（2 入力 XOR ゲート）によって生成されるので，遅延時間は $1.8T$ となる．また，桁上げ生成信号 g_i は入力信号 x_i および y_i の論理積によって生成されるので，遅延時間は $2.2T$ となる．

〔1〕4 ビット桁上げ先見加算器の遅延時間

4 ビット分の桁上げ伝搬信号 P は p_3, p_2, p_1, p_0 の論理積（4 入力 NAND ゲートと NOT ゲート）によって生成される．p_3, p_2, p_1, p_0 は，ともに 2 入力排他的論理和によって生成されるので，信号 P の遅延時間は，2 入力 XOR ゲートの遅延時間 $1.8T$，4 入力 NAND ゲートの遅延時間 $1.5T$ および NOT ゲートの遅延時間 $1.0T$ の合計で $4.3T$ となる．

4 ビット分の桁上げ生成信号 G の遅延時間の計算方法はもう少し複雑になる．一般に複数の入力をもつ論理ゲートの出力信号の遅延時間は，すべての入力信号の遅延時間の最大値に，その論理ゲートの遅延時間を加えることによって得られる．

例題 9・2

図 9·3 に示す 4 ビット桁上げ先見加算器の出力信号 G の遅延時間を計算せよ．

9章 加減算器とALU

■答え

各論理ゲートの遅延時間として表7・1 (p. 82) の値を用いる．すなわち，NOTゲートの遅延時間を $1.0T$ とし，2入力NANDゲート，3入力NANDゲートおよび4入力NANDゲートの遅延時間をそれぞれ $1.2T$, $1.3T$, $1.5T$ とする．また，2入力ANDゲートの遅延時間を $2.2T$ とする．

次に，入力信号 x_3, x_2, x_1, x_0, y_3, y_2, y_1, y_0, c_{-1} の遅延時間はすべて $0.0T$ とする．信号 p_3, p_2, p_1, p_0 は2入力排他的論理和ゲート（XOR）の出力なので，遅延時間はすべて $1.8T$ となる．また，信号 g_3, g_2, g_1, g_0 は2入力論理積ゲート（AND）の出力なので，遅延時間はすべて $2.2T$ となる．以下では，信号および論理ゲートの遅延時間を $t(\cdot)$ で表す．

信号 c_0 の遅延時間を考える．c_0 を出力する2入力NANDゲートの入力は，信号 p_0 と c_{-1} の NAND，および信号 g_0 の NOT である．前者の信号（p_0 と c_{-1} の NAND）の遅延時間は，次のようにして計算される．

$$\max(t(p_0), t(c_{-1})) + t(2\text{入力 NAND}) = \max(1.8T, 0.0T) + 1.2T = 3.0T$$

また，信号 g_0 の NOT の遅延時間は，信号 g_0 の遅延時間と NOT ゲートの遅延時間の和になるので，

$$2.2T + 1.0T = 3.2T$$

となる．信号 c_0 の遅延時間は，これらの遅延を用いて次のようにして計算される．

$$t(c_0) = \max(3.0T, 3.2T) + 1.2T = 4.4T$$

同様にして，信号 c_1 の遅延時間は次のようにして計算される．

$$\begin{aligned}
t(c_1) &= \max(\max(t(p_1), t(p_0), t(c_{-1})) + t(3\text{入力 NAND}), \\
&\qquad \max(t(p_1), t(g_0)) + t(2\text{入力 NAND})) + t(2\text{入力 NAND}) \\
&= \max(1.8T, 1.8T, 0.0T) + 1.3T, \max(1.8T, 2.2T) + 1.2T, 0.0T) + 1.3T \\
&= \max(3.1T, 3.4T, 0.0T) + 1.3T = 4.7T
\end{aligned}$$

同様にして，信号 c_2, P, G の遅延時間はそれぞれ，$4.9T$, $4.3T$, $5.2T$ となる．桁上げ信号 c_3 の遅延時間は，

$$\begin{aligned}
&\max(\max(t(P), t(c_{-1})) + t(2\text{入力 NAND}), \\
&t(G) + t(\text{NOT ゲート})) + t(2\text{入力 NAND}) \\
&= \max(\max(4.3T, 0.0T) + 1.2T, 5.2T + 1.0T) + 1.2T = 7.4T
\end{aligned}$$

となる.

同様にして,和出力信号 s_0, s_1, s_2, s_3 の遅延時間は,それぞれ,$3.6T$, $6.2T$, $6.5T$, $6.7T$ となる.入力から出力に至る他の経路の遅延時間はすべて c_3 の遅延時間よりも小さいので,4ビット桁上げ先見加算器の全体の最大遅延経路は入力 x_0, y_0, c_{-1} から出力 c_3 に至る経路となり,遅延時間は $7.4T$ となる.

....

桁上げ出力 c_3 の遅延時間は $7.4T$ となる.また,和の最上桁 s_3 の遅延時間は $6.8T$ となる.入力から出力に至る他の経路の遅延時間はすべて c_3 の遅延時間よりも小さいので,4ビット桁上げ先見加算器の最大遅延経路は入力 x_0 および y_0 から出力 c_3 に至る経路となり,遅延時間は $7.4T$ となる.

〔2〕16 ビット桁上げ先見加算器の遅延時間

次に,16ビット桁上げ先見加算器の遅延時間を評価する.図 9·4 の 16 ビット桁上げ先見加算器の最大遅延経路は,桁上げ入力信号 c_{-1} から最上位の和信号 s_{15} に至る経路である.この経路上には,CLA-4 の桁上げ入力から CLA-4 の c_2 出力信号,最上位桁に対応する 16 ビット桁上げ先見加算器の桁上げ入力信号を経て s_{15} に至る経路を含んでいる.この経路の最大遅延時間を先に示した方法で評価すると,$12.8T$ となる.c_{15} 信号の最大遅延時間は $10.4T$ である.

〔3〕64 ビット桁上げ先見加算器の遅延時間

同様にして,64 ビット桁上げ先見加算器の遅延時間を評価すると,最大遅延経路は c_{-1} から s_{63} に至る経路であり,最大遅延時間は $18.5T$ となる.c_{63} の最大遅延時間は $13.4T$ である.

〔4〕逐次桁上げ加算器と桁上げ先見加算器の遅延時間の比較

1, 4, 16, 64 ビットの逐次桁上げ加算器と桁上げ先見加算器の遅延時間を **図 9·6** に示す.この図からも,両加算器の遅延時間がそれぞれ $O(n)$ および $O(log_2 n)$ であることが確認できる.4ビット,16ビット,64ビットの桁上げ先見加算器は,同じ桁数の逐次桁上げ加算器と比較して,それぞれ 1.5 倍,3.1 倍,8.4 倍高速である.

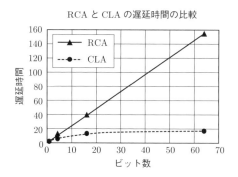

図 9・6 逐次桁上げ加算器と桁上げ先見加算器の遅延時間の比較

9・5 加減算器

　加減算器は，加算と減算を選択的に実行できる演算器である．2の補数形式の二つの2進数を x および y とする．x と y の加算は，加算器を用いて実行可能である．x から y を減ずる場合には，y の2の補数を x に加えればよい．y の2の補数は，y の1の補数（y のすべてのビットを反転させたもの）に1を加えることで得られる．

　したがって，減算を実行する場合には加算器の第二データ入力端子のそれぞれに否定素子（NOT）ゲートを接続して $\bar{y}$ を入力し，桁上げ入力端子に1を入力すればよい．

　この原理に基づいて加算と減算を選択的に実行できる**加減算器**を次のようにして設計する．選択信号を sel とし，加算を行う場合には $sel=0$，減算を行う場合には $sel=1$ とする．加算器の第二データ入力端子には $sel=0$ の場合には y の値をそのまま入力し，$sel=1$ の場合には y の否定を入力するために加算器の第二データ入力端子に排他的論理和ゲートを接続し，sel と y の排他的論理和を入力する．また，桁上げ入力端子にも排他的論理和ゲートを接続し，下位桁からの桁上げ/桁借り信号と sel との排他的論理和を入力する．このようにして実装した桁上げ/桁借り入力付4ビット加減算器の回路図を**図 9・7** に示す．

　この加減算器を複数接続して，より多い桁数の加減算を行うためには，加減算

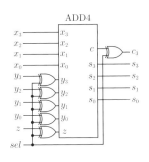

図 9・7 4ビット加減算器

器の桁上げ/桁借り信号を工夫する必要がある．符号なし加算器で減算を2の補数の加算によって実行した場合，結果が非負の場合には桁上げ信号が1になり，結果が負の場合には桁上げ信号が0になってしまい，桁借り信号の意味が逆になってしまうからである．そこで，加算器の桁上げ出力と sel の排他的論理和を加減算器の桁上げ/桁借りとして出力すれば正しく動作する．

9・6 2進化10進加算器

　現在のプロセッサでの基本数値演算は2進数を対象としているが，10進数の演算を行う命令をもっているものもある．10進数を対象として数値演算を行う場合，10進数の各桁を4ビットの2進数を用いた**2進化10進数** (binary coded decimal (BCD) number) で表現するのが一般的である．

　表9·1に，BCDと10進数の対応関係を示す．二つの10進数を加算した結果は，下の桁からの桁上げを考慮すると，10進数で0から19の範囲になる．入力を2進数とみなして4ビットの加算器でそのまま加算を行った結果の桁上がりと和を，この表の左側から二つの列に示す．次の列には，演算結果の10進数表示を示す．右から二つの列には，演算結果を補正してBCDで表現した結果を示している．

　4ビットの2進数は，$(0)_{10}$ から $(15)_{10}$ までの16種類の数値を表現できるが，2進化10進数では，これらの数値のうち，$(0)_{10} = (0000)_2$ から $(9)_{10} = (1001)_2$ までの10種類の数値のみを用い，これ以外の，$(10)_{10} = (1010)_2$ から $(15)_{10} = (1111)_2$ までの六つの値は2進化10進数としては用いない．

2進化10進加算器(BCD adder)は,二つの2進化10進数を入力し,2進加算器を用いて加算を行ってから,必要であれば結果を2進化10進数に補正して演算結果を求める.すなわち,2進加算器の出力が $(10)_{10} = (1010)_2$ から $(15)_{10} = (1111)_2$ までのいずれかの値になった場合,表9·1の右側の2列に示すように加算結果を上位桁への桁上げとその桁の正しい2進化10進表現に分離・補正することで正しい結果を出力している.

2進化10進数の加算器は次のようにして実現できる.まず,加算器の二つの入力はいずれも,0から9の間の値および下位の桁からの桁上げ(0または1)であるとする.演算結果は0から19の間の値になる.この演算を2進数の加算器でそのまま実行した場合の演算結果は次のように分類できる.

- 加算結果が0以上9以下の場合には,桁上げは発生しない.演算結果を修正

表9·1 2進化10進加算での出力の補正

加算器の演算結果			補正後の出力	
桁上げ	和	10進数	桁上げ	補正後の値
0	0000	0	0	0000
0	0001	1	0	0001
0	0010	2	0	0010
0	0011	3	0	0011
0	0100	4	0	0100
0	0101	5	0	0101
0	0110	6	0	0110
0	0111	7	0	0111
0	1000	8	0	1000
0	1001	9	0	1001
0	1010	10	1	0000
0	1011	11	1	0001
0	1100	12	1	0010
0	1101	13	1	0011
0	1110	14	1	0100
0	1111	15	1	0101
1	0000	16	1	0110
1	0001	17	1	0111
1	0010	18	1	1000
1	0011	19	1	1001

する必要はない．
- 加算結果が 10 以上 15 以下の場合には，桁上げは発生しない．演算結果の補正を行う必要がある．
- 演算結果が 16 以上 19 以下の場合には，桁上げが発生する．演算結果の補正を行う必要がある．

したがって，2 進数の加算器の出力が 10 以上 19 以下の場合には桁上げを行い，2 進数の加算器の出力に対して **10 進補正**（decimal adjustment）と呼ばれる補正を行う必要がある．補正は加算器の出力に 6 を加えるだけでよい．理由は次のとおりである．

まず，加算結果が 10 以上 15 以下の場合には，加算器からの桁上げはない．この出力に 6 を加えると，結果が 16 以上 21 以下になるので桁上げが発生する．桁上げを除く加算結果は 0 から 5 のいずれかになる．上位桁への桁上げは 10 として扱うので，期待どおりの結果（10 から 15）が得られることになる．

次に，加算結果が 16 以上の場合には，加算器からの桁上げ出力があり，桁上げを除く出力は，0 から 3 の値になる．この出力に 6 を加えると，結果は 6 から 9 の値になり，新たな桁上げは発生しない．最初の桁上げは 10 として扱うので，期待する結果（16 から 19）が得られることになる．

上記の考察をまとめると次のようになる．最初の加算の結果が 10 を超えた場合に，桁上げを発生させ，かつ加算器の出力に 6 を加えれば期待どおりの結果が得られる．ただし，6 を加えたときに桁上げが発生してもこの桁上げは無視する．

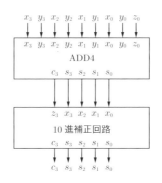

図 9・8 2 進化 10 進加算器

このようにして設計された 2 進化 10 進加算器の構成を **図 9·8** に示す．

もし 2 進化 10 進数のみの演算を行うのであれば，上記のような方法で設計せず，組合せ回路として直接論理設計を行うことも可能である（演習問題参照）．しかし，ここで紹介した設計方法では，2 進化 10 進数の加算だけでなく，2 進数の加算も実行可能なので，汎用プロセッサでは，このような方法で設計を行う．8 ビットの加算器をもとにして設計を行うと，2 桁の 2 進化 10 進数の加算が行える．このような加算器では，下位 4 ビットの加算結果が 10 以上であることを表す信号を **ハーフキャリー**（half carry）と呼ぶ．

9·7 算術論理ユニット（ALU）

コンピュータの中で最も重要な演算器の一つが **算術論理ユニット**（arithmetic and logical unit: ALU）である．ALU は，2 進数の加減算などの算術演算の他に，ビットごとの論理演算（∨, ·, ⊕, ¬）も実行できる，汎用性の高い演算器である．ALU の実装方法には，次の 2 通りが考えられる．

- 加減算器の他に論理演算器を設計し，これらの演算器の出力をマルチプレクサを用いて選択して出力する．
- 加減算器の入力を工夫して，論理演算を実現する．

第一の方法と第二の方法を比較すると，第一の方法は実装が容易であるが，回路規模が大きくなるという欠点がある．この節では，第二の方法に基づいて簡単な ALU の構成方法を説明する．

〔1〕算術演算機能の実現

まず，全加算器の y_i 入力に論理ゲートを追加して，**図 9·9** の加減算器を構成する．この回路を必要なビット数分用意し，下位桁の桁上げ出力を上位桁の桁上げ入力に接続する．このようにして構成された演算器は，**表 9·2** に示す機能をもつ．

〔2〕論理演算機能の実現

次に，図 9·9 の加減算器の入力を加工して，論理和（∨），論理積（·），排他的論理和（⊕），否定（¬）の 4 種類の論理演算機能を持つ論理演算器を設計する方

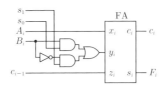

図 9・9 ALU で用いる加減算器

表 9・2 ALU の算術演算機能

s_1	s_0	c_{-1}	Y	出力	機能
0	0	0	0	A	転送
0	0	1	0	$A+1$	インクリメント
0	1	0	B	$A+B$	加算
0	1	1	B	$A+B+1$	桁上げ付き加算
1	0	0	$\overline{B}$	$A-B-1$	桁借り付き減算
1	0	1	$\overline{B}$	$A-B$	減算
1	1	0	1	$A-1$	ディクリメント
1	1	1	1	A	転送

表 9・3 ALU の論理演算機能

s_2	s_1	s_0	c_{i-1}	X_i	Y_i	Z_i	出力	図 9.9 の演算	実装する演算
1	0	0	0	A_i	0	0	A_i		OR
1	0	1	0	A_i	B_i	0	$A_i \oplus B_i$	XOR	XOR
1	1	0	0	A_i	$\overline{B_i}$	0	$A_i \equiv B_i$	XNOR	AND
1	1	1	0	A_i	1	0	$\overline{A_i}$	NOT	NOT

法について説明する．論理演算器は，各桁ごとの論理演算を行うので，桁上げ入力 c_i は 0 とする必要がある．桁上げ入力 c_i が 0 の場合に図 9.9 を論理演算器とみなして実現されている機能は，**表 9.3** に示すように，排他的論理和（⊕），同値（≡），否定（¬）の 3 種類であることがわかる．この表で，信号 s_2 は，ALU の機能を算術演算と論理演算とに切り替えるための制御信号で，s_2 の値が 0 の場合には ALU は算術演算を，1 の場合には論理演算をそれぞれ実行する．これら 3 種類の論理演算のうち，同値は使用頻度が低いので，これを取り除き，論理積および論理和を実装することにする．

ここでは，$s_2s_1s_0 = 100$ の場合に論理和を，$s_2s_1s_0 = 110$ の場合に論理積を演算できるようにする．$s_1s_0 = 00$ の場合，図 9.9 の回路の出力は A（転送）なので，$A_i = A \vee B$ とすれば A と B の論理和が計算できる．

次に $s_1s_0 = 10$ の場合，このままでは図 9.9 の回路の出力は $\mathrm{XNOR}(A_i, B_i) = (A_i \cdot B_i) \vee (\overline{A_i} \cdot \overline{B_i})$ なので，これを $A_i \cdot B_i$ に変更したい．そこで，ある論理関数 $K_i(B_i)$ を考え，X_i に $A_i \vee K_i$ を代入してみる．$s_1s_0 = 10$ の場合 $Y_i = \overline{B}$ なので，図 9.9 の出力は

$$F_i = X_i \oplus Y_i = (A_i \vee K_i) \oplus \overline{B}_i = (A_i \cdot B_i) \vee (K_i \cdot B_i) \vee (\overline{A_i} \cdot \overline{K_i} \cdot \overline{B_i}) \quad (9 \cdot 14)$$

となる．そこで，$K_i = \overline{B}_i$ とすると

$$F_i = (A_i \cdot B_i) \vee (\overline{B}_i \cdot B_i) \vee (\overline{A_i} \cdot B_i \cdot \overline{B}_i) = A_i \cdot B_i \quad (9 \cdot 15)$$

となり，論理積が実現できる．以上をまとめると

$$X_i = A_i \vee (s_2 \cdot \overline{s}_1 \cdot \overline{s}_0 \cdot B_i) \vee (s_2 \cdot s_1 \cdot \overline{s}_0 \cdot \overline{B}_i) \quad (9 \cdot 16)$$

$$Y_i = (s_0 \cdot B_i) \vee (s_1 \cdot \overline{B}_i) \quad (9 \cdot 17)$$

$$Z_i = \overline{s}_2 \cdot c_{i-1} \quad (9 \cdot 18)$$

となる．図 9.10 に，ALU の論理回路を示す．また，この ALU の機能を表 9.4 に示す．

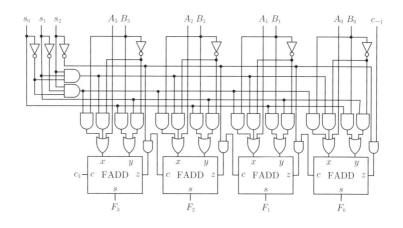

図 9・10 ALU の論理回路図

表 9·4 ALU の演算機能

s_2	s_1	s_0	c_{-1}	出力	機能
0	0	0	0	A	転送
0	0	0	1	$A+1$	インクリメント
0	0	1	0	$A+B$	加算
0	0	1	1	$A+B+1$	桁上げ付き加算
0	1	0	0	$A-B-1$	桁借り付き減算
0	1	0	1	$A-B$	減算
0	1	1	0	$A-1$	ディクリメント
0	1	1	1	A	転送
1	0	0	–	$A \vee B$	論理和
1	0	1	–	$A \oplus B$	排他的論理和
1	1	0	–	$A \cdot B$	論理積
1	1	1	–	$\overline{A}$	否定

1 図 9·1 (c) の全加算器が図 9·1 (a) の全加算器と論理的に等価であることを示せ.

2 全減算器を設計し,その論理回路図を示せ.全減算器の入力は,被減数 x,減数 y,下位の桁からの借り上げ z とする.また出力は,借り上げ b,差 d とする.

3 4ビットの符号なしインクリメンタ (incrementer) を設計せよ.インクリメンタの入力は x とし,出力は桁上げ c および y とする.このインクリメンタでは,$0 \leq x$ かつ $x < 14$ の場合には,$c = 0, y = x + 1$ が出力される.また,$x = 15$ の場合には,$c = 1, y = 0$ が出力される.

4 4ビットの符号なしディクリメンタ (decrementer) を設計せよ.ディクリメンタの入力は x とし,出力は桁借り b および y とする.このディクリメンタでは,$0 < x$ かつ $x \leq 15$ の場合には,$c = 0, y = x - 1$ が出力される.また,$x = 0$ の場合には,$b = 1, y = 15$ が出力される.

5 本章の 9·7 節で説明した ALU に,次のフラグを追加せよ.各フラグを生成するための論理式を示すこと.

C：Carry（桁上げ，減算時は借り上げ）
Z：Zero（加減算の結果が0）
S：Sign（符号ビット，加減算の結果の最上位桁）
V：Overflow（桁あふれ）
P: Parity（演算結果の全ビットの排他的論理和）

6 図 9·3 の 4 ビット桁上げ先見加算器の各出力信号の遅延時間を求めよ．

7 図 9·3 の 16 ビット桁上げ先見加算器の桁上げ信号 c_{15} および和信号 s_{15} の遅延時間をそれぞれ求めよ．

10章 フリップフロップとレジスタ

本章では，コンピュータで使われている記憶要素について説明する．まず，1ビットの情報を記憶するための基本要素であるフリップフロップについて説明する．次に，複数ビットの情報をまとめて記憶するためのレジスタ，および複数のレジスタをまとめて扱うためのレジスタファイルについて説明する．最後にコンピュータの構成部品を接続するバスについて説明する．

10・1 フリップフロップの動作原理

フリップフロップ（flip flop）は，1ビットの情報を記憶するための基本的な論理回路である．フリップフロップの動作原理は，組合せ論理回路に**帰還ループ**（feed back loop）を加えて，二つの安定状態を作り出すことにある．これによって1ビットの情報が記憶できる．以降の節で説明するラッチとフリップフロップは，この動作原理にもとづいて情報の記憶を行っている．

図10・1に示すような2個のインバータ（NOTゲート）をリング状に接続して帰還ループをもたせた論理回路を考える．この回路で，図10・1(a)のように，データ入力スイッチ s_0 を閉じ，データ保持スイッチ s_1 を開くと，1段目のインバータの入力 u_0 の値は入力 x の値と等しくなるので，このインバータの出力 u_1 の値は $\bar{x}$ となる．また，2段目のインバータの出力 y は x と等しくなる．その後，図10・1(b)のように，データ入力スイッチ s_0 を開き，データ保持スイッチ s_1 を閉じる

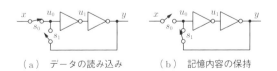

(a) データの読み込み　　(b) 記憶内容の保持

図 10・1　2個のインバータをリング状に接続した回路

と,1段目のインバータの入力 u_0 の値は y の値と等しくなるが,y の値は直前の x の値と等しいので,スイッチを切り換えても,回路内部の信号の値はこれ以上変化せず,出力も変化しない.

したがって,この回路は $(x,y) = (0,1)$ および $(x,y) = (1,0)$ の二つの安定状態をもつことになり,0 または 1 の 1 ビットの情報を記憶できる.

10·2 SRラッチ

SR ラッチ(SR latch)は,最も簡単な記憶回路である.SR ラッチの S はセット(set),R はリセット(reset)を表している.SR ラッチの論理記号を**図 10·2** に示す.また,SR ラッチの動作を**表 10·1** に示す.同表で,Q および $\overline{Q}$ は,SR ラッチの現在の出力を,また,Q^+ および $\overline{Q}^+$ は,状態遷移後の出力を表している.

図 10·2 SR ラッチの論理記号

表 10·1 SR ラッチの動作表

入力		出力	
S	R	Q^+	$\overline{Q}^+$
0	0	Q	$\overline{Q}$
0	1	0	1
1	0	1	0
1	1	X	X

表 10·1 の最後の行の出力の欄に書かれている記号 X は,出力値が**不定**であることを表している.そのため,SR ラッチへの入力 $(S, R) = (1, 1)$ は,**禁止入力**(inhibited input)と呼ばれている.その理由は次のとおりである.

SR ラッチの実現方法には,NAND ゲートを用いる方法と NOR ゲートを用いる方法の 2 種類がある.**図 10·3**(a)および(b)に,NAND ゲートを用いた実現

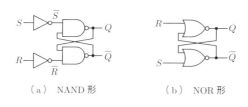

図 10・3　SR ラッチの 2 種類の実装方法

方法と NOR ゲートを用いた実現方法をそれぞれ示す．以下では，これらの実現方法を用いた場合の動作について説明する．ここで，各論理ゲートの遅延時間は，7 章で示した表 7・1 の値を用いて，NOT ゲートの遅延時間を T [s] とし，2 入力 NAND ゲートおよび 2 入力 NOR ゲートの遅延時間をともに $1.2T$ [s] と仮定する．

まず，NAND ゲートを用いる図 10・3 (a) の回路の動作を解析する．入力が時刻 0 で $(S, R) = (0, 0)$ に変化した場合，上側の 2 入力 NAND ゲートの入力は，時刻 T に 1 および $\overline{Q}$ となるので，時刻 $2.2T$ での出力は $Q^+ = Q$ となる．また，下側の 2 入力 NAND ゲートの入力は，時刻 T で 1 および Q となるので，時刻 $2.2T$ での出力は $\overline{Q}^+ = \overline{Q}$ となる．

次に，入力が時刻 0 で $(S, R) = (0, 1)$ に変化した場合，上側の 2 入力 NAND ゲートの入力は，時刻 T に 1 および $\overline{Q}$ となるので，時刻 $2.2T$ での出力は $Q^+ = Q$ となる．しかし，下側の 2 入力 NAND ゲートの入力は，時刻 T に 0 および Q となるので，時刻 $2.2T$ での出力は $\overline{Q}^+ = 1$ となる．その結果，時刻 $2.2T$ では上側の 2 入力 NAND ゲートの入力がともに 1 となり，時刻 $3.4T$ での出力は $Q^+ = 0$ となる．したがって，この場合には時刻 $3.4T$ での出力は $(Q, \overline{Q}) = (0, 1)$ となる．

同様にして，入力が時刻 0 に $(S, R) = (1, 0)$ に変化した場合には，時刻 $3.4T$ での出力は $(Q, \overline{Q}) = (1, 0)$ となる．

最後に，入力が時刻 0 で $(S, R) = (1, 1)$ に変化した場合には，時刻 T に二つの 2 入力 NAND ゲートの入力の一方がともに 0 となるので，時刻 $2.2T$ での 2 入力 NAND ゲートの出力はともに 1 となる．出力はこれ以上変化しない．したがって，時刻 $2.2T$ での出力は $(Q, \overline{Q}) = (1, 1)$ となる．

以上の解析結果から，図 10・3 (a) の回路の最大遅延時間は $3.4T$ であることがわかる．

次に，NOR ゲートを用いる図 10·3（b）の回路の動作を解析する．入力の組合わせが，$(S, R) = (1, 1)$ 以外の場合には，遅延時間は異なるが，出力は図 10·3（a）の場合と同じになることがわかる．回路の最大遅延時間は $2.4T$ である．

しかし，入力が時刻 0 で $(S, R) = (1, 1)$ に変化した場合には，時刻 $1.2T$ での出力は $(Q, \overline{Q}) = (0, 0)$ となり，NAND ゲートを用いて実現した場合とは異なる結果になる．これが，SR ラッチに禁止入力がある理由の一つである．

$(S, R) = (1, 1)$ が禁止入力であるもう一つの理由は，NAND ゲートと NOR ゲートのどちらの実現方法を用いたとしても，入力が $(1, 1)$ から $(0, 0)$ に変化した場合の出力が不安定になるという点である．

たとえば，入力の値が $(1, 1) \Rightarrow (1, 0) \Rightarrow (0, 0)$ の順に変化する場合には，出力は $(1, 0)$ となって安定する．しかし，入力の値が $(1, 1) \Rightarrow (0, 1) \Rightarrow (0, 0)$ の順に変化する場合には，出力は $(0, 1)$ となって安定する．したがって，二つの入力のうちのどちらが先に 0 に変化するかによって出力が変わってしまうことになる．また，二つの入力が同時に 1 から 0 に変化すると，SR ラッチは発振し，出力は $(0, 0)$ と $(1, 1)$ を交互に繰り返すことになる．

10·3 Dラッチ

前節で述べた SR ラッチは，構造が簡単でハードウェア量も少ないという利点はあるが，前節で述べた「禁止入力」が存在するという欠点もあり，取扱いに注意が必要である．そこで，SR ラッチの入力側に論理回路を追加して取扱いを容易にした回路が **D ラッチ**（D latch）である．D ラッチの論理記号を**図 10·4** に示す．また，D ラッチの動作を**表 10·2** に示す．

（a） D ラッチの論理記号　　　（b） リセット機能付き D ラッチの論理記号

図 10·4　D ラッチの論理記号

10・3 Dラッチ

表 10・2 Dラッチの動作表

入力		出力	
G	D	Q^+	$\overline{Q}^+$
0	0	Q	$\overline{Q}$
0	1	Q	$\overline{Q}$
1	0	0	1
1	1	1	0

Dラッチの論理回路を図10·5に示す．同図 (a) で，Dラッチの入力信号のうち，G は制御信号であり，D がデータである．Dラッチの後段は2個の NAND の帰還をもつ縦続接続になっており，これは SR ラッチの後段と同じ構成になっている．この後段の部分回路の入力信号を $\overline{S}$ および $\overline{R}$ とすると，$G=1$ のときには，$\overline{S}=\overline{D}$，$\overline{R}=D$ となるので出力信号 Q には D の値がそのまま出力される．次にこの回路で G の値が 0 になると，$\overline{S}=1$，$\overline{R}=1$ となるので，SR ラッチの入力が $(0,0)$ の場合と同様にフリップフロップの内部状態がそのまま保持される．

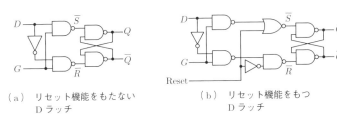

(a) リセット機能をもたない Dラッチ

(b) リセット機能をもつ Dラッチ

図 10・5 Dラッチの論理回路図

このように，Dラッチでは SR ラッチの禁止入力に対応する $\overline{S}=0$，$\overline{R}=0$ という状態は取らず，禁止入力が存在しないので，SR ラッチよりも取扱いが容易である．

図10·5の (b) はリセット信号をもつ Dラッチである．この回路では，リセット信号 (RST) が 1 になると Dラッチの内部状態を強制的にリセットして 0 が出力される．リセット信号をもつ Dラッチの動作表を表10·3に示す．

なお，**集積回路** (integrated circuit) 技術を用いてラッチや後で述べるフリップフロップを実装する場合には，図10·3に示すような論理ゲートを用いた回路と

表 10・3　リセット信号をもつ D ラッチの動作表

入力			出力	
RST	G	D	Q^+	$\overline{Q}^+$
1	−	−	0	1
0	0	0	Q	$\overline{Q}$
0	0	1	Q	$\overline{Q}$
0	1	0	0	1
0	1	1	1	0

等価な，トランジスタを用いた回路が用いられている．これは，それぞれの論理ゲートに対応するトランジスタ回路を組み合わせるよりも，回路全体をトランジスタレベルの回路で実装した方がより面積が小さく遅延時間の短い回路が実装できるからである．

10・4　D フリップフロップ

前節で説明した D ラッチでは，制御信号 G の値によって出力の制御を行っていた．D ラッチには，$G = 1$ の場合に，入力 D の値が変化すると，入力の変化がそのまま出力信号 Q に出力されてしまうという性質がある．そのため，複数の D ラッチが直列に接続され，同じタイミングの信号 G を用いて制御すると，初段の D ラッチの入力信号の変化が最終段の D ラッチの出力にまで伝搬してしまうことになる．したがって，このままでは演算がクロックに同期してパイプライン的に実行される**同期回路**（synchronous circuit）が正しく動作しない．

そこで，クロックを用いて同期回路を正しく動作させるための **D フリップフロップ**（D flip flop）が考案された．D フリップフロップの論理記号と動作表を，図 10・6 および表 10・4 にそれぞれ示す．

表 10・4 で，⌐ はクロックの**立上りエッジ**（rising edge）を，⌐ はクロックの**立下りエッジ**（falling edge）を，それぞれ表している．クロックの立上り（立下り）とは，クロック信号の値が 0 から 1（1 から 0）に変化する瞬間を表している．すなわち，D フリップフロップは，クロック信号が立上った瞬間の入力の値を取り込んで出力する．また出力値はクロックの立下りエッジおよびクロックの

10・4　D フリップフロップ

図 10・6　D フリップフロップの論理記号

表 10・4　D フリップフロップの動作表

入力			出力	
RST	CLK	D	Q^+	$\overline{Q}^+$
1	−	−	0	1
0	0	−	Q	$\overline{Q}$
0	1	−	Q	$\overline{Q}$
0	↓	−	Q	$\overline{Q}$
0	↑	0	0	1
0	↑	1	1	0

値が0または1で安定している場合には影響を受けず，次のクロックの立上りまで変化しない．

　Dフリップフロップは，図10・7のように2個のDラッチを組み合わせることによって実現できる．同図で前段のDラッチは**マスタラッチ**（master latch），後段のDラッチは**スレーブラッチ**（slave latch）と呼ばれ，それぞれクロックの値が0の場合および1の場合にデータの取込みが行われる．この回路は，**マスター・スレーブ形**（master-slave type）フリップフロップと呼ばれる．

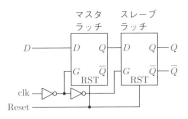

図 10・7　D フリップフロップの実現方法

10・5 レジスタ

これまで述べてきたフリップフロップは，1 ビットの情報を記憶する回路である．コンピュータの命令やデータは，**バイト**（byte）あるいは**語**（word）単位で扱われる場合が多いので，これらの単位で情報を記憶する回路を用意しておくと設計が容易になる．

レジスタ（register）は，複数のビットから構成される情報をまとめて記憶するための論理回路である．レジスタの論理記号を図 10·8 に示す．n ビットのレジスタは，n 個の D フリップフロップとセレクタを図 10·9 のように接続することによって実現できる（同図には $n = 4$ の場合を示す．）．この回路では，制御信号 Load の値が 1 の場合に入力 $D = (D_3, D_2, D_1, D_0)$ がレジスタ中の 4 個の D フリップフロップの中に記録される．また，Load の値が 0 の場合には現在のレジスタの値がそのまま保持される．レジスタの値は常に出力信号 $Q = (Q_3, Q_2, Q_1, Q_0)$ に出力されている．

図 10・8 レジスタの論理記号

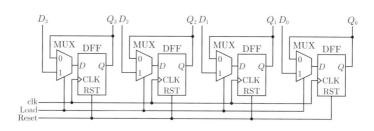

図 10・9 レジスタの実装方法

10・6 レジスタファイル

プロセッサの実装に用いられる**レジスタファイル**（register file）は，同じ長さをもつレジスタを複数個まとめて管理し，レジスタの番号を用いて特定のレジスタにアクセスできるようになっている．コンピュータの実装に用いられるレジスタファイルは，プロセッサの性能を重視するため，二つの出力ポート（read port）と一つの入力ポート（write port）をもっている場合が多い．ただし，レジスタ番号は二つ使用し，そのうちの一方は入力および出力が可能になっている．

レジスタファイルを実装するためには，2進数として与えられるレジスタ番号からそれに対応するレジスタへの制御信号を生成するために，8章で学んだ**デコーダ**（decoder）が用いられる．

レジスタファイルの論理記号を図 10・10 に示す．同図で，信号 A_0 および A_1 は，読み出される二つのレジスタの番号を表している．読み出されたレジスタの値はそれぞれ，Q_0 および Q_1 に出力される．信号 WE が 1 の場合には，A_0 で指

図 10・10　レジスタファイルの論理記号

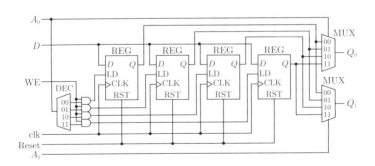

図 10・11　レジスタファイルの実装方法

定されるレジスタに信号 D の値が書き込まれる．四つのレジスタから構成されるレジスタファイルの実装方法を図 10·11 に示す．

10·7 バ ス

コンピュータの内部には，プロセッサ，レジスタファイル，メモリ，周辺回路などのさまざまなモジュールが存在する．あるモジュールから他のモジュールにデータを転送するためには，モジュールの間にデータ転送路を設ける必要があるが，データ転送路の実装方法にはいくつかのタイプがある．以下では，モジュールの個数を n で表すことにする．

1 個のプロセッサしかもたないシステムでは，データ転送はプロセッサとメモリもしくは周辺回路の間で行われる．このような場合には，複数の周辺回路からプロセッサへのデータ転送要求があった場合には，その中から一つだけを選択して転送する．このようなデータ転送路は，**共有バス**（common bus）と呼ばれる．

複数の周辺回路がデータ転送を要求する場合には，**バスアービタ**（bus arbiter）と呼ばれる制御回路を用いてデータの転送元を一つ決定する．バスアービタは，複数の転送元からの**転送要求**（bus request）の中から，優先度を考慮して一つを選択し，選択された送信元に対して**転送許可**（bus grant）信号を返す．

共有バスの実装方法には，マルチプレクサを用いる方法とトライステートバッファを用いる方法の二つがある．

〔1〕マルチプレクサを用いた実装方法

マルチプレクサを用いたバスの実装方法を図 10·12 に示す．この方法では，1 本のバスに対して一つのバスアービタと一つの n 入力マルチプレクサを用いることによりデータ転送路が実装できる．

〔2〕トライステートバッファを用いた実装方法

次に，トライステートバッファを用いてバスを実装する方法について説明する．この方法を用いて実装された共有バスは**トライステートバス**（tri-state bus）と呼ばれる．

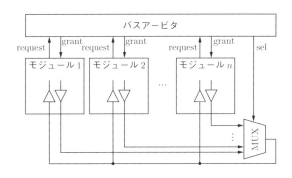

図 10·12 マルチプレクサを用いたバスの実装

トライステートバッファの論理記号を，図 10·13 に示す．トライステートバッファは表 10·5 に示すように，入力信号 e の値が 1 の場合には，入力 x の値をそのまま信号 y に出力する．入力信号 e の値が 0 の場合には，出力信号 y は，**ハイインピーダンス**（high impedance）と呼ばれる特殊な状態になる．この表で，出力の欄に書かれた Z は，出力がハイインピーダンス状態であることを表している．出力が 0, 1 および Z の 3 種類あるので，この論理素子はトライステートバッファと呼ばれている（tri- は 3 を表す接頭辞である）．

論理値の 0 および 1 は，電位としてはグラウンドの電位（0 V）および電源電位

図 10·13 トライステートバッファの論理記号

表 10·5 トライステートバッファの動作表

入力		出力
e	x	y
0	0	Z
0	1	Z
1	0	0
1	1	1

にそれぞれ対応している．ハイインピーダンス状態は，出力とグラウンドとの間のインピーダンスおよび出力と電源との間のインピーダンスがともに非常に高い（絶縁状態にある）ことを表している．

CMOS 技術を用いて製造された論理ゲートを用いる場合，0 または 1 しか出力しない二つの論理ゲートの出力を直接接続すると，これらの論理ゲートの出力値が異なる場合には，論理ゲートに過大な電流（貫通電流）が流れ，論理ゲートが破壊されてしまう．しかし，二つの論理ゲートの出力の一方がハイインピーダンスであれば，他方の出力が 0 もしくは 1 であっても，このような問題は生じない．

したがって，トライステートバッファの出力は，たかだか一つの出力だけがハイインピーダンス以外の状態（0 または 1）になるように制御できる場合には，バッファの出力を直接接続してもよい．トライステートバッファを用いた共有バスの実装方法を図 10·14 に示す．

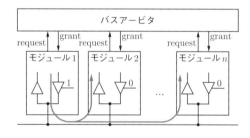

図 10·14　トライステートバッファを用いたバスの実装方法

この実装方法を用いると，バスを実装するために必要なハードウェアの量が削減され，信号を伝搬させるために必要な遅延時間も短縮できる．ただし，バスに接続されているすべてのトライステートバッファの出力のうちの高々一つだけがハイインピーダンス以外の値を取るように制御する必要があるので，制御信号（e）のタイミングを精密に制御する必要があり，物理設計の難度が高くなる．

ⓒolumn　リングオシレータ

▶リングオシレータ

図 10·15 のように，3 個のインバータをループ状に接続した回路について考える．ここでは，インバータ 1 段当たりの遅延時間を T [s] とする．

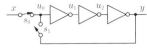
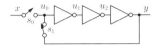

(a) データの読み込み　　　　(b) 記憶内容の保持

図 10・15　3 個のインバータをリング状に接続した回路

　まず，図 10·15 (a) のように，データ入力スイッチ s_0 を閉じ，データ保持スイッチ s_1 を開くと，1 段目のインバータの入力 u_0 の値は入力 x の値と等しくなり，1 段目のインバータの出力 u_1 の値は $\bar{x}$ となる．その結果，2 段目のインバータの出力 u_2 は x と等しくなり，3 段目のインバータの出力 y の値は $\bar{x}$ となる．

　その後，図 10·15 (b) のように，データ入力スイッチ s_0 を開き，データ保持スイッチ s_1 を閉じると，1 段目のインバータの入力 u_0 の値は y の値と等しくなるが，y の値は直前の $\bar{x}$ の値と等しいので，スイッチを切り換えてから T〔s〕後に 1 段目のインバータの出力 u_1 の値は反転することになる．その結果，2 段目のインバータの入力が反転するので，その T〔s〕後に 2 段目のインバータの出力 u_2 の値が反転し，さらにまたその T〔s〕後に 3 段目のインバータの出力 y が反転することになる．したがって，スイッチを切り換えてから，$3T$〔s〕後に 1 段目のインバータの入力が $\bar{x}$ から x に変化することになる．

　このようにして最終段のインバータの出力は，スイッチを切り換えてから $3T$〔s〕ごとに値が $\bar{x} \Rightarrow x \Rightarrow \bar{x} \Rightarrow \cdots$ と変化することになる．このような現象は**発振** (oscillation) と呼ばれる．この例のように奇数個のインバータをリング状に接続した回路を，**リングオシレータ** (ring oscillator) と呼ぶ．一般に $n(n \geq 3)$ 段のインバータを接続したリングオシレータの発振周期は，$2nT$〔s〕となる．

演習問題

1 T フリップフロップの論理記号を図 10·16 に示す．このフリップフロップは，表 10·6 に示すように，クロックの立ち上がりで状態が反転する．

図 10・16 TFF の論理記号

表 10・6 T フリップフロップの動作表

入力		出力	
RST	CLK	Q^+	$\overline{Q}^+$
1	−	0	1
0	↴	Q	$\overline{Q}$
0	↱	$\overline{Q}$	Q

D フリップフロップを用いて T フリップフロップを実現せよ．

2 JK フリップフロップの論理記号を図 10·17 に示す．このフリップフロップは，リセット，クロック以外に二つの入力信号 J および K をもち，表 10·7 に示すような動作を行う．

図 10・17 JKFF の論理記号

D フリップフロップを用いて JK フリップフロップを実現せよ．

3 JK フリップフロップを用いて T フリップフロップを実現せよ．

演習問題

表 10·7 JK フリップフロップの動作表

入力				出力	
RST	CLK	J	K	Q^+	$\overline{Q}^+$
1	–	–	–	0	1
0	↱	–	–	Q	$\overline{Q}$
0	↑	0	0	Q	$\overline{Q}$
0	↑	0	1	0	1
0	↑	1	0	1	0
0	↑	1	$\overline{Q}$	Q	

4 イネーブル (enable) 機能付き D フリップフロップの論理記号を図 10·18 に示す．このフリップフロップは，表 10·8 に示すように，入力信号 EN の値が 1 のときにのみフリップフロップの内部状態が更新される．

図 10·18 イネーブル機能付き DFF の論理記号

表 10·8 イネーブル機能付き D フリップフロップの動作表

入力				出力	
RST	CLK	EN	D	Q^+	$\overline{Q}^+$
1	–	–	–	0	1
0	↱	–	–	Q	$\overline{Q}$
0	↑	0	0	Q	$\overline{Q}$
0	↑	0	1	Q	$\overline{Q}$
0	↑	1	0	0	1
0	↑	1	1	1	0

イネーブル機能をもたない D フリップフロップに論理ゲートを追加してイネーブル機能付き D フリップフロップを実現せよ．

11章 同期式順序回路

本章では,同期式順序回路について説明する.順序回路は,組合せ回路に記憶要素を追加し,逐次的な処理を実現する.順序回路では,ある時刻の入力だけではなく,それまでに入力された過去の入力も含めて出力が決定される.初めに,順序回路を構成する要素について説明し,自動券売機を用いた順序回路の例題について説明する.次に,順序回路を状態遷移図,状態遷移表を使って一般的に表現する方法を説明し,最後に Mealy 型,Moore 型順序機械で実現する方法について説明する.

11・1 順序回路

組合わせ回路では,ある時刻 t における出力をその時刻の入力のみから演算していた.**順序回路** (Sequential Circuit) では,時刻 t における入力のみではなく,これまでに入力された入力系列から出力が決定される.本章で取り扱う順序回路は,クロック信号に同期した同期式順序回路 (Synchronous Sequential Circuit) であり,クロックに同期して状態が遷移する.

図 11・1 に,順序回路の概念図を示す.図 11・1 に示すように,順序回路は,ある時刻 t の N 個の**入力変数** (Input Variable) $x_i(t)$ $(0 \leq i \leq N-1)$,L 個の**出力変数** (Output Variable) $z_i(t)$ $(0 \leq i \leq L-1)$,および P 個の**状態変数** (State Variable) $q_i(t)$ $(0 \leq i \leq P-1)$ を使って表すことができる.今後,これらを単に**入力**,**出力**,**状態**と呼ぶ.これらをまとめて以下のように記述する.

$$X(t) = (x_0(t), x_1(t), \cdots, x_{N-1}(t)) \tag{11・1}$$

$$Z(t) = (z_0(t), z_1(t), \cdots, z_{L-1}(t)) \tag{11・2}$$

$$Q(t) = (q_0(t), q_1(t), \cdots, q_{P-1}(t)) \tag{11・3}$$

次の時刻 $(t+1)$ の状態は,現在の入力と現在の状態から決定されるため,現在の入力変数と状態変数の関数と考えて,以下のように書くことができる.

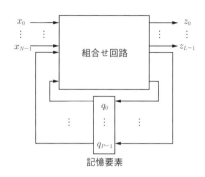

図 11・1　組合せ回路と順序回路

$$Q(t+1) = \delta(x_0(t), x_1(t), \cdots, x_{N-1}(t), q_0(t), q_1(t), \cdots, q_{P-1}(t)) \quad (11・4)$$

この関数 δ を**状態遷移関数**（State Transition Function）と呼ぶ．また，出力は現在の入力と現在の状態，もしくは現在の状態のみから決定される．したがって

$$Z(t) = \rho(x_0(t), x_1(t), \cdots, x_{N-1}(t), q_0(t), q_1(t), \cdots, q_{P-1}(t)) \quad (11・5)$$

と書くことができ，この関数 ρ を**出力関数**（Output Function）と呼ぶ．

したがって，順序回路 M は

$$M = (Q, X, Z, \delta, \rho, Q_0) \quad (11・6)$$

の 6 項組みで定義することができる．ここで，Q は状態の集合，X は入力の集合，Z は出力の集合，δ は状態遷移関数，ρ は出力関数，Q_0 は**初期状態**（initial state）である．

11・2　自動券売機の例

本節では順序回路の例として自動券売機を用いて説明を行う．ある自動券売機があり，150 円の切符が売られているとする．この自動券売機は，100 円，50 円硬貨のみを受け付けるものとする．最初はお金が入っていない状態なので，0 円入力されている状態である．100 円硬貨を入れた場合には，100 円投入された状態になり，さらなる硬貨の投入を待つ．さらに，100 円硬貨を入れた場合には，切符とおつりの 50 円が返金される．100 円硬貨ではなく 50 円硬貨を入れた場合には

切符のみが出る．最初に50円硬貨を入れた場合には，50円投入された状態になる．これを図に書くと，図11・2のような図が得られる．

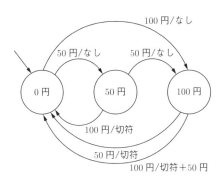

図 11・2 自動販売機の動作

状態は図中の節点として表現され，0円，50円，100円が投入されている状態がある．図中では，0円，50円，100円と記載している．また，入力としては，50円もしくは100円の硬貨の投入があり，図中の枝として表されている．出力は切符とおつりである．図中の枝には，ラベルがあり/記号の左には入力を，/記号の右には出力を記している．また，0円が投入されている状態は初期状態であるので，遷移元のない矢印で初期状態を表している．それぞれの状態に対して，50円，100円の入力があることに注意する．また，切符が出ると0円が投入されている初期状態に戻る．

この例においては，入力，出力，状態は以下のようになる．

$X(t) = (50\text{円}, 100\text{円})$,

$Z(t) = (\text{なし}, \text{切符のみ}, \text{切符とおつり}50\text{円})$,

$Q(t) = (0\text{円投入された状態}, 50\text{円投入された状態}, 100\text{円投入された状態})$

$Q_0 = (0\text{円投入された状態})$

状態遷移関数 δ および出力関数 ρ は後で説明する．

11・3 状態遷移図と状態遷移表

　状態の変化を表すためには，前節で用いたような図を用いることが一般的であり，この図を**状態遷移図**（state transition diagram）と呼ぶ．状態遷移図は，状態をグラフの節点に，各状態遷移を枝に対応付けており，各枝にはラベルとして x/z のように入力と出力の対が付加されている．また各枝の始点の状態に対して x が入力されたときに z を出力し，終点の状態に状態遷移することを表している．前節で説明した自動券売機の状態遷移図を図 11・3 に示す．図 11・3 では，状態数が S_0, S_1, S_2 の 3 状態，遷移の条件である入力が x_0, x_1 の 2 種類，出力は z_0, z_1, z_2 の 3 種類である．

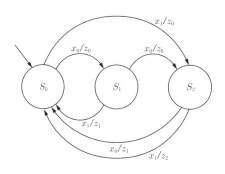

図 11・3　状態遷移図

　図 11・3 の状態遷移は，表 11・1 のような表形式で表現することもできる．表 11・1 を**状態遷移表**（state transition table）と呼ぶ．また，表 11・1 は，出力も同時に表しているため，**状態遷移出力表**（state transition table with output）とも呼

表 11・1　状態遷移出力表

現在の状態	次の状態		出力	
	x_0	x_1	x_0	x_1
S_0	S_1	S_2	z_0	z_0
S_1	S_2	S_0	z_0	z_1
S_2	S_0	S_0	z_1	z_2

ばれる．状態遷移出力表は，現在の状態に対して入力が入った場合の状態の遷移先とそのときの出力を表としてまとめたものである．

11・4 Mealy型順序機械とMoore型順序機械

前節までに紹介した順序回路は，現在の状態と入力から出力が決定される順序機械で **Mealy型順序機械**（Mealy Machine）と呼ばれている．順序機械の別の表現方法として，出力が現在の状態によってのみ決定される順序機械もある．この出力が現在の状態のみによって決定される順序機械は **Moore型順序機械**（Moore Machine）と呼ばれる．

Moore型順序機械の状態遷移図の例を**図11・4**に示す．Moore型順序機械では，状態と出力をq/zのようにグラフの節点に書き，状態遷移が対応付けられた各枝には入力がラベルとして付加されている．各枝の始点の状態q/zに対してxが入力されたときに終点の状態q'/z'に状態遷移し，z'を出力することを表している．図11・4の状態遷移出力表を**表11・2**に示す．

実は，図11・4と図11・3は同じ働きをする順序機械である．初期状態では，z_0を出力すると仮定している．本例では状態数が，Mealy型順序機械のときには3状態であったのに対して，Moore型順序機械では5状態と増えていることがわかる．Moore型順序機械は，Mealy型順序機械と比べた場合，出力が状態のみに依存するため，現在の入力の変化の順序により発生する可能性があるハザードがお

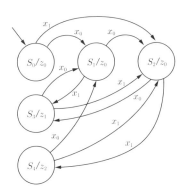

図11・4 Moore型順序機械の状態遷移図

表 11・2　Moore 型順序機械の状態遷移出力表

現在の状態	次の状態		出力
	x_0	x_1	
S_0	S_1	S_2	z_0
S_1	S_2	S_3	z_0
S_2	S_3	S_4	z_0
S_3	S_1	S_2	z_1
S_4	S_1	S_2	z_2

こらず，出力回路が簡単になる利点があるが，一般に Mealy 型順序機械と比べ状態数が増えてしまうことも知られている．

11・5 順序回路の設計の流れ

順序回路の設計は，一般に次の順序で行う．
1. 状態遷移図，状態遷移出力表の作成
2. 状態割当ての決定
3. 状態遷移関数，出力関数の実現
4. 論理ゲートを使った順序回路の実現

文字列検出回路を用いて説明する．文字列検出回路とは，ある特定のパターンが入力されたときに，そのパターンの入力検出を行う回路である．例えば，クロックに同期して入力 x が入ってくるときに，パターン "110" を見つけて，出力を 1 とする回路である．初期値としては 0 が入力されているとする．

時刻，入力パターン x およびそれに対する出力 z の例を以下に示す．x, z の初期値は 0 とする．

時刻 t:	1	2	3	4	5	6	7	8	9	10	11	12	13	14	15	16	⋯
入力 x:	0	1	0	0	1	1	0	1	0	1	0	0	0	1	1	0	⋯
出力 z:	0	0	0	0	0	0	1	0	0	0	0	0	0	0	0	1	⋯

本順序回路では，パターン "110" が見つかった 7 クロック後および 16 クロック後に出力 z は 1 となっている．最後の文字 0 が入力されると同時に 1 を出力しているため，Mealy 型順序回路で実現できる．

例題 11・1

パターン "110" を見つけるための文字列検出回路を Mealy 型順序回路として実現せよ.

■**答え**

〔1〕状態遷移図, 状態遷移出力表の作成

パターン "110" の初めの 2 文字目までのパターン "11" を見つけ, その後 '0' を見つける方針で検出回路を設計する. この動作を実現するために, '1' が 1 回現れた状態である S_1, '1' が 2 回以上連続して現れた状態である S_2, そしてその他の状態 S_0, の三つの状態を定義する. これら S_0 から S_2 の 3 状態を使って文字列検出回路の状態遷移図を作成する. 本状態遷移は Mealy 型順序機械として実現すると, 図 11·5 の状態遷移図を得る. また, このときの状態遷移出力表を表 11·3 に示す. 図 11·5 では, 11 の後に 0 が入力されるとすぐに 1 を出力する順序回路が得られる.

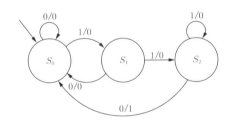

図 11・5 "110" 文字列検出回路 (Mealy 型)

表 11・3 "110" 文字列検出回路の状態遷移出力表 (Mealy 型)

現在の状態	次の状態		出力	
	$x=0$	$x=1$	$x=0$	$x=1$
S_0	S_0	S_1	0	0
S_1	S_0	S_2	0	0
S_2	S_0	S_2	1	0

〔2〕状態割当ての決定

次に状態をフリップフロップを用いて実現するため，状態を表す変数を割当てる．今回の Mealy 型順序機械の場合，3 状態を使用するので，3 状態を表現するために最小でも 2 ビットを割り当てる必要がある．ここでは，表 11·4 のように状態を割り当てるものとする．なお，状態を表す変数の割当て方法は一通りではなく複数の方法があり，回路の大きさなども変化する．

表 11·4　状態割当て (Mealy 型)

状態	状態割当て
S_0	00
S_1	01
S_2	11
使用しない	10

〔3〕状態遷移関数，出力関数の実現

状態の割当てが決定したので，状態割当て後の状態遷移出力表の作成を行う．Mealy 型順序機械の状態割当て決定後の状態遷移出力表を表 11·5 に示す．

表 11·5　状態割当て決定後の状態遷移出力表 (Mealy 型)

現在の状態	次の状態		出力	
$q_1 q_0$	$x=0$	$x=1$	$x=0$	$x=1$
00	00	01	0	0
01	00	11	0	0
11	00	11	1	0

ここで，状態を表すための変数 q_1, q_0 を導入した．次の時刻の状態を表現する状態変数を q_1^+, q_0^+ と表すと，状態変数 q_1^+, q_0^+ および出力 z は，現在時刻の状態変数 q_1, q_0 および入力 x を使った論理関数として表現できる．状態遷移出力表から，q_1^+, q_0^+, z に関するカルノー図を作成すると図 11·6 のカルノー図が得られる．10 は状態割当てされていないため，q_1, q_0 の論理式を決める際にはドントケアの組合せとなり，図 11·6 中では，'X' と表されている．

11・5 順序回路の設計の流れ

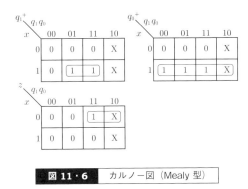

図 11・6 カルノー図（Mealy 型）

図 11·6 のカルノー図より，状態遷移関数，出力関数を求めると

$$q_1^+ = xq_0 \tag{11・7}$$

$$q_0^+ = x \tag{11・8}$$

$$z = \overline{x}q_1 \tag{11・9}$$

のように求めることができる．

〔4〕論理ゲートを使った順序回路の実現

状態遷移関数，出力関数が求まっているので，それらを実現する論理回路を構成する．記憶要素としては，状態変数の個数分の D フリップフロップを用いる．本文字列検出回路では，状態保持するために 2 ビットの変数を使用するの

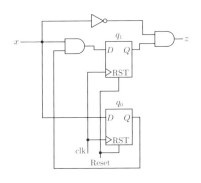

図 11・7 順序回路（Mealy 型）

で，Dフリップフロップを2個使用する．また，7章で学んだように使用できる論理ゲートを使って組合せ回路を構成するが，本例では NOT ゲート，2入力の AND, OR ゲートが使用できるとした．初期状態は動作開始前に D フリップフロップのリセット端子 RST に '1' の信号を与え，D フリップフロップを初期化し，状態を "00" としている．Mealy 型順序回路で実現した回路構成を図 11·7 に示す．

例題 11·2

パターン "110" を見つける文字列検出回路を Moore 型順序回路として実現せよ．

■答え

〔1〕状態遷移図，状態遷移出力表の作成

本順序機械を Moore 型順序機械で実現するためには，1 が 2 回以上連続してから 0 が現れた状態である S_3 を追加し，S_0, S_1, S_2, S_3 の 4 状態で実現する．Moore 型順序回路で実現した状態遷移図が図 11·8 である．図 11·8 では入力 11 の後に 0 が入力された遷移先で 1 を出力する．Moore 型順序機械では 1 を出力する状態（0 が入力された後の状態）で次の入力が 0 の場合と 1 の場合を区別するために，$S_0/0$ と $S_1/0$ の二つの状態を設けている．また，このときの状態遷移出力表を表 11·6 に示す．

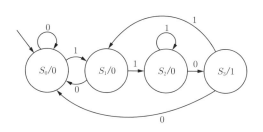

図 11·8 "110" 文字列検出回路（Moore 型）

表 11・6　"110" 文字列検出回路の状態遷移出力表（Moore 型）

現在の状態	次の状態		出力
	$x=0$	$x=1$	
S_0	S_0	S_1	0
S_1	S_0	S_2	0
S_2	S_3	S_2	0
S_3	S_0	S_1	1

時刻，入力パターン x およびそれに対する出力 z の例を以下に示す．x, z の初期値は 0 とする．

時刻 t:　1　2　3　4　5　6　7　8　9
入力 x:　0　1　0　0　1　1　0　1　0　…
出力 y:　0　0　0　0　0　0　0　1　0　…

Moore 型順序回路では，パターン "110" が見つかった 7 クロックの次のサイクルで 1 が出力されることになる．

〔2〕状態割当ての決定

Moore 型順序機械の場合，4 状態を使用するので，4 状態を表現するために，最小でも 2 ビットを割り当てる必要がある．ここでは，表 11·7 のように割り当てるものとする．

表 11・7　状態割当て（Moore 型）

状態	状態割当て
S_0	00
S_1	01
S_2	11
S_3	10

〔3〕状態遷移関数，出力関数の実現

Moore 型順序回路の場合の状態割当て決定後の状態遷移出力表を作成し，表 11·8 を得る．状態変数 q_1^+, q_0^+，出力 z は，1 時刻前の状態変数 q_1, q_0，入

表 11・8　状態割当て決定後の状態遷移出力表（Moore 型）

現在の状態 q_1q_0	次の状態 $x=0$	次の状態 $x=1$	出力
00	00	01	0
01	00	11	0
11	10	11	0
10	00	01	1

力 x を使った論理関数として表現できる．状態遷移出力表から，q_1^+, q_0^+, z に関するカルノー図を作成し，図 11·9 が得られる．カルノー図より，状態遷移関数，出力関数を求めると

$$q_1^+ = q_1q_0 \vee xq_0 \tag{11・10}$$

$$q_0^+ = x \tag{11・11}$$

$$z = q_1\bar{q}_0 \tag{11・12}$$

のように求められる．

〔4〕論理ゲートを使った順序回路の実現

Moore 型順序回路で実現した回路構成を図 11·10 に構成を示す．

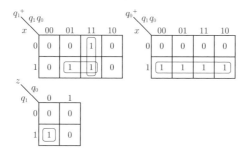

図 11・9　カルノー図（Moore 型）

○── 演 習 問 題

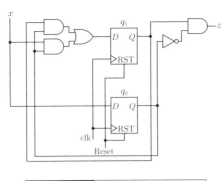

図 11・10 順序回路（Moore 型）

Mealy 型順序回路として実現された図 11・7 は，Moore 型順序回路として実現された図 11・10 と比較して，少ないゲート数で構成されていることがわかる．Moore 型順序回路は状態から出力を決定するので，クロックが変化しない限り出力 z が一定であるのに対して，Mealy 型順序回路ではクロックが変化しなくとも，入力 x が変化すると出力 z も変化する可能性があることに注意が必要である．

1 11・2 節の自動券売機の例題で，500 円硬貨も使用できる場合についてその順序機械を作成せよ．

2 パターン "010" を見つける文字列検出回路を Mealy 型順序回路で設計せよ．

3 パターン "100" を見つける文字列検出回路を Moore 型順序回路で設計せよ．

4 ビット列を入力とし，1 が入力されるまでの間に入力された 0 の個数を数え，1 が入力されたときにその個数を出力し初期状態に戻る順序回路を設計せよ．ただし，0 が連続して 10 回入力されたときも初期状態に戻るとする．初期状態は何も入力されていない状態である．例えば，初期状態からの入力が 01 のとき 1 を出力し初期状態へ遷移する動作を，入力が 001 のとき 2 を出力し初期状態へ遷移する動作を，入力が 0001 のとき 3 を出力し初期状態に戻る動作を行う．

139

5 回路図 11·11 が実現している有限状態機械の状態遷移図を作成せよ．ただし，初期状態は $q_1 = 0, q_0 = 0$ とせよ．入力 x は，クロックと同期して 0 または 1 のビットが入力されるものとする．

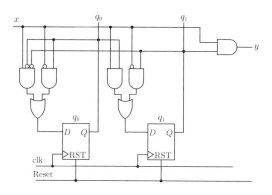

図 11·11 ある有限状態機械の回路図

12章 順序回路の簡単化と順序回路の例

　本章では，前章で説明した順序回路設計時の注意点と実際の回路例を紹介する．まず，順序回路の簡単化について，状態数最小化および状態割当てについて説明する．その後，Mealy型順序機械とMoore型順序機械の変換法について説明する．また，実際の順序回路の例として，6進カウンタ，フィルタ回路，シフトレジスタ，シリアル・パラレル変換回路を紹介する．

12・1 順序回路の簡単化

〔1〕状態数最小化

　状態数は，順序回路の規模（ハードウェア量，面積）に大きな影響を与えるため，できるだけ小さいことが望ましい．前章で，状態の割当てによって，順序回路の規模は影響を受けることを述べたが，同様に状態数も重要な要素である．したがって，最初に，状態遷移図，状態遷移表を作成したときに，その状態数が最小になっているかを検討することは重要である．すでに作成した状態遷移図，状態遷移表から状態数を削減するためには，共用できうる状態はまとめて一つの状態として扱う．共用できる状態とは，同一入力に対して同一の出力を行い，かつ同一の状態に遷移する状態である．言い換えると，外部から見たときに区別のつかない状態である．この場合，共用できる状態は，単一の状態として置き換えても矛盾は生じない．この操作を**状態の縮退**という．状態の縮退を行い，状態数を最小化することを**状態数最小化**という．

　順序回路には，状態遷移にドントケアを含まない**完全定義順序回路**と状態遷移にドントケアを含む不完全定義順序回路があるが，ここでは完全定義順序回路に対して，例を用いて状態数最小化を説明する．

（a）状態数最小化の流れ

　状態数最小化は，一般に次の手順で行う．

12章 順序回路の簡単化と順序回路の例

1. 同一入力に対して同一出力となる状態をグループ化
2. 新たに決定したグループを使って，状態ごとに状態遷移先を更新
3. 同一グループからの遷移先が唯一になるようにグループを再分割
4. 分割の更新がなくなるまで，2., 3. を繰り返す

例題 12・1

表 12·1 の状態数最小化を行え．

表 12·1 状態遷移出力表の例

現在の状態	次の状態		出力	
	x_0	x_1	x_0	x_1
S_0	S_0	S_1	z_0	z_0
S_1	S_3	S_5	z_1	z_0
S_2	S_2	S_1	z_0	z_0
S_3	S_4	S_5	z_0	z_0
S_4	S_2	S_3	z_1	z_1
S_5	S_4	S_0	z_1	z_0

■**答え**

まず，同一入力に対して出力が同じになる状態をグループ化する．入力が x_0，x_1 のいずれでも，出力が z_0 になるグループを A，入力が x_0, x_1 のとき出力がそれぞれ z_1，z_0 になるグループを B，入力が x_0, x_1 のいずれでも，出力がともに z_1 になるグループを C とする．状態遷移先を新たにグループで更新することで，表 12·2 を得る．

表 12·2 グループ化 1

グループ	現在の状態	次の状態		出力		遷移先グループ	
		x_0	x_1	x_0	x_1	x_0	x_1
A	S_0	S_0	S_1	z_0	z_0	A	B
	S_2	S_2	S_1	z_0	z_0	A	B
	S_3	S_4	S_5	z_0	z_0	C	B
B	S_1	S_3	S_5	z_1	z_0	A	B
	S_5	S_4	S_0	z_1	z_0	C	A
C	S_4	S_2	S_3	z_1	z_1	A	A

表 12・3 グループ化 2

グループ	現在の状態	次の状態		出力		遷移先グループ	
		x_0	x_1	x_0	x_1	x_0	x_1
A_1	S_0	S_0	S_1	z_0	z_0	A	B
	S_2	S_2	S_1	z_0	z_0	A	B
A_2	S_3	S_4	S_5	z_0	z_0	C	B
B_1	S_1	S_3	S_5	z_1	z_0	A	B
B_2	S_5	S_4	S_0	z_1	z_0	C	A
C	S_4	S_2	S_3	z_1	z_1	A	A

表 12・4 グループ化 3

グループ	現在の状態	次の状態		出力		遷移先グループ	
		x_0	x_1	x_0	x_1	x_0	x_1
A_1	S_0	S_0	S_1	z_0	z_0	A_1	B_1
	S_2	S_2	S_1	z_0	z_0	A_1	B_1
A_2	S_3	S_4	S_5	z_0	z_0	C	B_2
B_1	S_1	S_3	S_5	z_1	z_0	A_2	B_2
B_2	S_5	S_4	S_0	z_1	z_0	C	A_1
C	S_4	S_2	S_3	z_1	z_1	A_1	A_2

さらに各入力の遷移先状態グループが同じになるように再度グループ分割を行うと，状態 S_3 は遷移先が S_0, S_2 と他のグループ A の遷移先と異なるため，グループ A を分割し，グループ A_1, A_2 に分割が必要である．同様にグループ B の分割処理を繰り返して，**表 12·3** を得る．

さらに遷移先グループも更新することで，**表 12·4** を得る．

表 12·4 では，遷移先グループが各グループで既に同一となっているため，再度の分割更新は不要となり，状態数最小化作業は終了である．S_0, S_2 をまとめ，$S_{A1} = S_{0,2} = \{S_0, S_2\}$ と新たな状態を定義することで，状態数を削減することができる．したがって，表 12·2 は**表 12·5** のように最小化可能である．本例では，6 状態から，5 状態に減らすことができた．

12章 順序回路の簡単化と順序回路の例

表 12・5 最小化後の状態遷移

現在の状態	次の状態		出力	
	x_0	x_1	x_0	x_1
$S_{0,2}$	$S_{0,2}$	S_1	z_0	z_0
S_1	S_3	S_5	z_1	z_0
S_3	S_4	S_5	z_0	z_0
S_4	$S_{0,2}$	S_3	z_1	z_1
S_5	S_4	$S_{0,2}$	z_1	z_0

〔2〕**状態割当て**

 状態の割当てによっては，回路を簡単化できる場合がある．近年はコンピュータ支援設計（CAD: Computer Aided Design）技術の進歩により，適切な状態割当てを自動的に行えるようになってきているが，状態の割当てにより，実現する回路に違いができることを理解しておくことは重要である．

例題 12・2

 表12・6に示すように状態を割り当てたときの"110"文字検出回路を設計せよ．

表 12・6 状態割当て

状態	表11・5の状態割当て	別の状態割当て
S_0	00	00
S_1	01	01
S_2	11	10

■**答え**

 前章の順序回路設計手順にならい，回路を設計する．状態割当て後の状態遷移出力表の作成を行い，状態割当て決定後の状態遷移出力表の**表 12・7**を得る．
 状態遷移関数，出力関数を求めると

$$q_1^+ = xq_0 \lor xq_1 \tag{12・1}$$

12・1 順序回路の簡単化

表 12・7 状態割当決定後の状態遷移出力表 (Mealy 型)

現在の状態 q_1q_0	次の状態 $x=0$	$x=1$	出力 $x=0$	$x=1$
00	00	01	0	0
01	00	10	0	0
10	00	10	1	0

$$q_0^+ = \overline{q}_1 \cdot \overline{q}_0 \cdot x \tag{12・2}$$

$$z = \overline{x}q_1 \tag{12・3}$$

のように求められる.

したがって,論理ゲート回路の割当てを行うと図 12・1 のような回路が得られる.ただし,図中のゲート入力の小さな○印は信号の否定を表している.

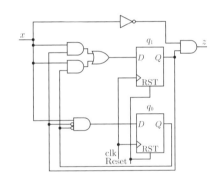

図 12・1 順序回路 (Mealy 型) 別状態割当て版

上記の例題では,前章の状態割当てとは異なった割当てとなっており,図 11・7 と図 12・1 から,状態の割当てにより生成される回路が異なることがわかる.図 11・7 と図 12・1 を比較すると,状態数が同じなので,両図とも 2 個の D フリップフロップが使われている.しかしながら,組合せ部分は,図 11・7 は 2 個の 2 入力 AND ゲートと 1 個の NOT ゲートから構成されるのに対して,図 12・1 はかなり大規模

な構成となり,回路規模から考えて図 11.7 の回路のほうが優れていることがわかる.以上より,状態の割当てにより生成される回路が大きく異なることがわかる.単純な回路構成は,回路規模だけではなく,遅延時間の低減,消費電力の低減にも結びつく.このことから,状態割当ては,回路構成を決定する重要な役目を果たしていることがわかる.

12・2 Mealy 型順序機械と Moore 型順序機械の変換方法

一般に Moore 型順序機械は,Mealy 型順序機械と比べた場合,出力が状態のみに依存するため,現在の入力に依存するハザード(入力時間変化による出力の変化)が原理的に起こらず,出力回路が簡単になる利点がある.したがって,ハザードによる誤動作が問題となる場合には,Moore 型の順序機械が使用される.一方,Moore 型順序機械は Mealy 型順序機械と比べ状態数が増えてしまうことも知られている.Mealy 型順序機械と Moore 型順序機械は相互に変換可能である.見方によっては,Moore 型順序機械は Mealy 型順序機械の特別なケースと考えられる.本節では,Mealy 型順序機械と Moore 型順序機械間の変換方法について説明する.

(a) Mealy 型から Moore 型への変換

Mealy 型順序機械から Moore 型順序機械へ変換は,一般に次の手順で行う.
1. 状態の遷移時に出力される出力を,状態の遷移後に移動
2. 複数の出力記号となる場合は,状態を出力記号ごとの新たな状態に分割
3. すべての遷移時の出力が状態の出力になるまで,上記を繰り返す

例題 12・3

図 12.2 の Mealy 型順序機械の 2 進カウンタを Moore 型順序機械の 2 進カウンタに変換せよ.本 2 進カウンタは,'1' が 2 の倍数個入力されたときに,'1' を出力するカウンタである.

■答え

まず,状態遷移時の出力を遷移後の状態に移動する.状態 S_0 への遷移は '0/0' と '1/1' の 2 種類の遷移があるため,遷移後の出力が 2 種類となり,状態 S_0 を '0' を出力する状態 $S_{0<0>}$ と '1' を出力する状態 $S_{0<1>}$ に分割する.状態 $S_{0<1>}$

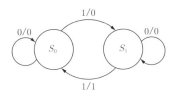

図 12・2 Mealy 型順序機械の 2 進カウンタ

の遷移先は,入力が '0' のときは出力が 0 なので状態 $S_{0<0>}$ であり,入力が '1' のときは出力が 0 で状態 S_1 であるため,これらを表現する遷移を追加する.状態 S_1 への遷移は '0/0' と '1/0' の 2 種類の遷移があり,遷移後の出力はどちらも '0' であるため,状態 S_1 を $S_{1<0>}$ と表現すると,図 12·2 は**図 12·3** に変換される.

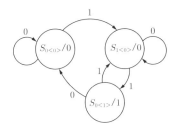

図 12・3 Moore 型順序機械の 2 進カウンタ

(b) Moore 型から Mealy 型への変換

先にも述べたが,Moore 型順序回路は Mealy 型順序回路の特殊なケースに相当するので,変換は容易である.変換するためには,Moore 型順序回路の各状態の出力をその状態への遷移に移動すればよい.ただし,この方法で得られる Mealy 型順序回路では,等価な状態も別状態になっていることがあるため,Mealy 型から Moore 型へ変換し,Moore 型から Mealy 型へ変換した場合,必ずしも元の順序回路に戻るわけではない.

例題 12・4

図 12·3 の 2 進カウンタを，Mealy 型順序機械に変換せよ．

■答え

図 12·3 の 2 進カウンタを，上の方法で Mealy 型に変換した結果を図 12·4 に示す．

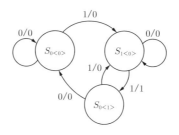

図 12・4 Moore 型から変換した Mealy 型 2 進カウンタ

図 12·2 と図 12·4 は同じ動作を表す Mealy 型の順序機械であるのにもかかわらず，図 12·2 は状態数が 2 であるのに対して，図 12·4 は状態数が Moore 型と同じ 3 状態である．これは，Mealy 型順序機械では等価な状態 $S_{0<0>}$ と $S_{0<1>}$ が別状態になっているためであり，前節で説明した状態数最小化を行うと，図 12·4 の Mealy 型順序機械も 2 状態となり，図 12·2 と等しくなる．

12・3 順序回路の例

この節では，代表的な順序回路を紹介する．

〔1〕6 進カウンタ

13 章で各種カウンタについて説明するが，ここでは 6 進カウンタを，11·5 節の順序回路設計法に従って設計する．6 進カウンタは，図 12·5 に示すように，$S_0, S_1, S_2, S_3, S_4, S_5$ の状態を繰り返し遷移する順序回路である．カウンタは，状態を表す符号を直接出力として使用する場合と，状態を表す符号をデコードして使用する場合があるが，ここでは状態の符号を直接出力すると考える．

12・3 順序回路の例

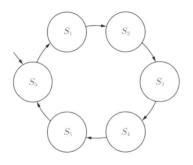

図 12・5　6 進カウンタの状態遷移

図 12·5 では，初期状態が S_0 であり，クロックが入力されるごとに，S_1, S_2, S_3, S_4, S_5 と状態が遷移し，S_5 の次の状態は S_0 となる．論理回路として実装するには，6 状態割り当てる必要があるので，状態を表現する変数 q_2, q_1, q_0 の 3 ビットを用いて状態を表現し，**表** 12·8 のように，割り当てることとする．状態の割当てには，いろいろな割当てが考えられるがここでは状態を 2 進数で表現し，次状態を現状態+1 で割り当てたバイナリカウンタとなっている．

表 12・8　6 進カウンタの状態割当て

状態	状態割当て (q_2, q_1, q_0)
S_0	000
S_1	001
S_2	010
S_3	011
S_4	100
S_5	101

まず，状態遷移表を作成する．状態は 3 ビットで表現されるので，状態を表すために，q_2, q_1, q_0 の 3 変数を導入して表現する．6 進カウンタの状態遷移表は，**表** 12·9 となる．

次に，次状態変数 q_2^+, q_1^+, q_0^+ を現状態変数 q_2, q_1, q_0 を用いて表す．カルノー図を作成して，**図** 12·6 を得る．ここで，"110" "111" は状態割当てに使用されていないため，ドントケアとなることに注意する．

12章 順序回路の簡単化と順序回路の例

表 12·9 6進カウンタの状態遷移表

現状態	現状態割当て (q_2, q_1, q_0)	次状態	次状態割当て (q_2^+, q_1^+, q_0^+)
S_0	000	S_1	001
S_1	001	S_2	010
S_2	010	S_3	011
S_3	011	S_4	100
S_4	100	S_5	101
S_5	101	S_0	000

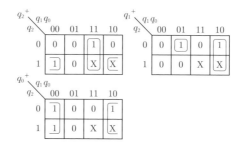

図 12·6 6進カウンタのカルノー図

したがって，q_2^+, q_1^+, q_0^+ を最簡積和形で表すと，以下の式となる．

$$q_2^+ = q_1 q_0 \vee q_2 \overline{q}_0 \tag{12·4}$$

$$q_1^+ = \overline{q}_2 \overline{q}_1 q_0 \vee q_1 \overline{q}_0 \tag{12·5}$$

$$q_0^+ = \overline{q}_0 \tag{12·6}$$

また，これを回路で構成すると，**図 12·7** の回路が得られる．本回路図では，カウンタが動作する前に，状態がドントケア以外の値に設定されなければならないことから，初期化機能付きのDフリップフロップを使用し，リセット入力に1を与えることで，"000"に初期化するようにしている．

〔2〕フィルタ回路

フィルタ回路の状態遷移を**図 12·8** に示す．本フィルタは，強い0の状態，弱い0の状態，弱い1の状態，強い1の状態の4状態をもち，強い0,1の状態では，1,0

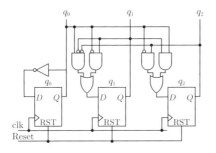

図 12・7 6進カウンタの論理回路

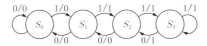

図 12・8 フィルタ回路の状態遷移

が入力されても，それぞれ弱い '0'，弱い '1' 状態に遷移し，0,1 を保持する性質がある．

本フィルタは，状態数が4のため，2ビットの状態変数で表現することができる．入力を x，出力を z，状態変数を q_1, q_0 とした場合の，状態遷移出力表を**表 12・10** に示す．各状態は次のように割り当てる．$S_0 = 00, S_1 = 01, S_2 = 10, S_3 = 11$．

これまでと同様に最簡積和形を求めると以下の式となる．

$$z = q_1 q_0 \lor x q_1 \lor x q_0 \tag{12・7}$$

$$q_1^+ = q_1 q_0 \lor x q_1 \lor x q_0 \tag{12・8}$$

表 12・10 フィルタ回路の状態遷移出力表

現在の状態 (q_1, q_0)	次の状態 (q_1^+, q_0^+)		出力 z	
	$x = 0$	$x = 1$	$x = 0$	$x = 1$
$(0, 0)$	$(0, 0)$	$(0, 1)$	0	0
$(0, 1)$	$(0, 0)$	$(1, 0)$	0	1
$(1, 0)$	$(0, 1)$	$(1, 1)$	0	1
$(1, 1)$	$(1, 0)$	$(1, 1)$	1	1

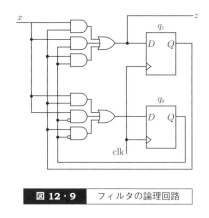

図 12・9　フィルタの論理回路

$$q_0^+ = q_1\overline{q_0} \vee xq_1 \vee x\overline{q_0} \tag{12・9}$$

またこれを回路で構成すると，図 12·9 の回路が得られる．

〔3〕シフトレジスタ

シフトレジスタは，シリアル・パラレル変換，カウンタ，シーケンサなどの基本回路となっており，入力する 1 ビットごとのシリアルの入力をクロックごとにシフトするための回路である．

ここでは最も基本的な 2 ビットのシフトレジスタを設計する．2 ビットシフトレジスタは，図 12·10 に示すように，1 ビットの入力 x および出力 y をもち，クロックが 2 回入ると入力した値が出力される回路である．

X は不定

T	0	1	2	3	4	5	6	7	8
in (x)	0	1	0	1	1	0	1	·	·
out (y)	X	X	0	1	0	1	1	0	1

図 12・10　2 ビットシフトレジスタの仕様

12・3 順序回路の例

2ビットシフトレジスタに既に00が入力されている状態をS_{00}，既に01が入力されている状態をS_{01}，既に10が入力されている状態をS_{10}，および既に11が入力されている状態をS_{11}とする．このように状態を割り当てた場合，本回路の状態遷移出力表を作成すると表12・11が得られる．

表 12・11 2ビットシフトレジスタの状態遷移出力表

現在の状態	次の状態		現在の出力	
	$x=0$	$x=1$	$x=0$	$x=1$
S_{00}	S_{00}	S_{01}	0	0
S_{01}	S_{10}	S_{11}	0	0
S_{10}	S_{00}	S_{01}	1	1
S_{11}	S_{10}	S_{11}	1	1

まず，状態を次の**表 12・12**のように割り当ててみる．

表 12・12 状態割当て 1

状態	状態割当て $(q_1 q_0)$
S_{00}	01
S_{01}	00
S_{10}	10
S_{11}	11

現在の状態をq_0, q_1，次状態をq_0^+, q_1^+で表し，この割当てから回路を設計すると，出力および次状態更新式は以下のようになる．

$$y = q_1 \tag{12・10}$$

$$q_1^+ = \overline{q}_1 \cdot \overline{q}_0 \vee q_1 \cdot q_0 \tag{12・11}$$

$$q_0^+ = x\overline{q}_1 \cdot \overline{q}_0 \vee x \cdot q_1 \cdot q_0 \vee \overline{x} \cdot q_1 \cdot \overline{q}_0 \vee \overline{x} \cdot \overline{q}_1 \cdot q_0 \tag{12・12}$$

次に状態を**表 12・13**のように割り当ててみる．現在の状態をq_0, q_1，次状態をq_0^+, q_1^+で表し，この割当てから回路を設計すると，出力および次状態更新式は以下のようになる．

$$y = q_1 \tag{12・13}$$

表 12·13　状態割当て 2

状態	状態割当て (q_1q_0)
S_{00}	00
S_{01}	01
S_{10}	10
S_{11}	11

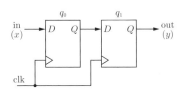

図 12·11　2 ビットシフトレジスタの回路図

$$q_1^+ = q_0 \tag{12·14}$$
$$q_0^+ = x \tag{12·15}$$

このときの回路図は，図 12·11 となる．2 ビットシフトレジスタの例では明らかに状態割当て 2 のほうが優れた割当てと考えることができる．シフトレジスタは構造が規則的で単純なため，割当て 1 が最適でないことはわかるが，前節でも説明したように，一般に状態遷移だけから最適な構造を決定することは難しい．構造が明らかな場合は，必ずしも状態割当てを考慮する必要のある状態遷移からの設計ではなく，構造による設計も検討すべきである．

〔4〕シリアル・パラレル変換回路

シリアル・パラレル変換回路の仕様を図 12·12 に示す．

シリアル・パラレル変換回路は，シリアルデータとパラレルデータの変換を行う回路である．シリアルデータは入力端子 in から，クロックごとに MSB から LSB の順で 1 ビットずつ入力されると仮定する．シリアルデータは，シフトイネーブル信号 ($\overline{\mathrm{Shift}}(\overline{S})$) が '0' のときレジスタに入力され，ロードイネーブル信号 ($\mathrm{Load}(L)$) が '1' のとき，パラレルデータがレジスタにロードされる．シフトイネーブル信号とロードイネーブル信号は，1 ビットの信号で表現できるので，この信号を共用

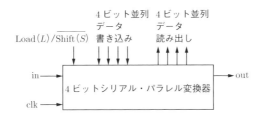

図 12・12　シリアル・パラレル変換回路の仕様

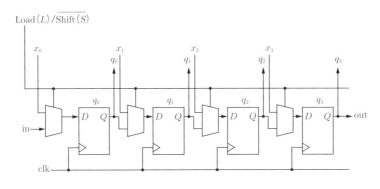

図 12・13　シリアル・パラレル変換回路

している．

　4ビットシリアル・パラレル変換器の回路図を図12・13に示す．4ビットシリアル・パラレル変換器は，4ビットのシフトレジスタとマルチプレクサで構成される．図中のマルチプレクサは選択信号が '1' であれば上の信号を，'0' であれば下の信号を選択する．制御信号がマルチプレクサに入力される信号を選択している．シリアルデータをパラレルデータに変換するためには，$\overline{\text{Shift}(S)}$ 信号を '0' とし必要ビット数分クロックを進めたときのパラレルデータを読み出せばよい．一方，パラレルデータをシリアルデータに変換するためには，まず，Load(L) を '1' として値を書き込み，その後 $\overline{\text{Shift}(S)}$ を '0' として，必要ビット数分クロックを入力してそのときのシリアル出力の値を読めばよい．

演習問題

1 表 12·14 で与えられた状態遷移出力表がある。この表の状態数を最小化せよ。

表 12・14 ある順序回路の状態遷移出力表

現在の状態	次の状態		出力	
	x_0	x_1	x_0	x_1
S_0	S_1	S_7	z_1	z_1
S_1	S_0	S_7	z_0	z_0
S_2	S_2	S_0	z_0	z_0
S_3	S_3	S_0	z_0	z_0
S_4	S_1	S_4	z_1	z_1
S_5	S_5	S_0	z_0	z_0
S_6	S_1	S_6	z_1	z_1
S_7	S_0	S_1	z_1	z_0

2 図 12·4 の 2 進カウンタの状態数を最小化し,図 12·2 と一致することを確認せよ。

3 5 進カウンタを設計せよ。

4 12·3〔2〕項のフィルタ回路で,状態割当てを $S_0 = 00, S_1 = 01, S_2 = 11, S_3 = 10$ としたときの出力方程式,状態変数更新式をそれぞれ最簡積和形で求め,(12.7),(12.8),(12.9) と比較せよ。

13章 カウンタ

本章では，ディジタル回路の重要なコンポーネントであるカウンタについて説明する．カウンタにはいろいろな種類があるが，本章では，カウンタの論理機能（アップ，ダウン，アップダウン），周期の指定方法，符号化方法によるバリエーションについて説明する．

13・1 カウンタとは

カウンタ（counter）は，パルスの個数を計測する，ディジタル回路の基本構成要素である．カウンタの応用としては，ディジタル値の計測，クロックなどの周期的な信号の**分周器**（divider），時間間隔を測定する**タイマ**（timer）などがあげられる．

カウンタの機能は，**アップカウンタ**（up counter），**ダウンカウンタ**（down counter），**アップダウンカウンタ**（up-down counter）の3種類に分類できる．また，カウンタ値の**符号化**（coding）方法の違いによって，リングカウンタ，ジョンソンカウンタ，グレイコードカウンタなどの固有の名称で呼ばれる回路構成がある．

カウンタを設計する方法には，次の2通りがある．第一の方法は，カウンタを同期式順序回路と考えて，11章で説明した順序回路の設計方法を適用する手法である．この方法は，状態遷移表が与えられれば機械的に適用できるという利点があるが，状態変数が多い場合には，カルノー図などを用いて人手で論理式の最適化を行うことが困難になるという問題がある．

第二の方法は，次状態での各変数の値を決定する論理式である**特性方程式**（characteristic equation）を発見的に求める手法である．この方法は，各変数の値が変化する条件を発見的に求めることが必要となるので，機械的に適用することが難しいという欠点がある．しかし，カウンタの場合には，各変数の値が変化す

る条件を比較的容易に見つけられる場合が多いので，状態変数が多い場合にも適用が可能である．この章では，この設計方法を中心にして説明を行う．

13・2 2^n 進カウンタ

この節では，周期が 2^n のカウンタ（2^n 進カウンタ）の設計方法について説明する．機能としては，アップカウンタ，ダウンカウンタ，アップダウンカウンタの 3 種類について述べる．

〔1〕 2^n 進アップカウンタ

この節では，2^n 進アップカウンタの設計方法について説明する．例として，8 進アップカウンタを考える．ここに，カウンタの初期状態は S_0 とし，初期状態に対応する状態変数の値は $(0,0,0)$ とする．8 進アップカウンタの状態遷移を**表 13·1**に示す．

表 13・1 8 進アップカウンタの状態遷移表

状態変数 状態名	現在の状態			次の状態		
	Q_2	Q_1	Q_0	Q_2^+	Q_1^+	Q_0^+
S_0	0	0	0	0	0	1
S_1	0	0	1	0	1	0
S_2	0	1	0	0	1	1
S_3	0	1	1	1	0	0
S_4	1	0	0	1	0	1
S_5	1	0	1	1	1	0
S_6	1	1	0	1	1	1
S_7	1	1	1	0	0	0

同表を観察すると，状態変数の値の変化に関して次のことがわかる．
(1) Q_0 は，各時刻ごとに反転する．
(2) $Q_i, (i > 0)$ の値が反転するのは，$Q_{i-1}, \cdots, Q_0$ の値がすべて 1 の場合である．

そこで，Q_i が反転する条件に着目すると，2^n 進アップカウンタの特性方程式は次のようになる．

$$t_i = Q_{i-1} \cdot \cdots \cdot Q_0,\ i > 0 \tag{13・1}$$

$$Q_0^+ = \overline{Q_0} \tag{13・2}$$

$$Q_i^+ = Q_i \oplus t_i,\ i > 0 \tag{13・3}$$

この方法を用いて設計された 8 進アップカウンタの回路図を図 13·1 に示す．

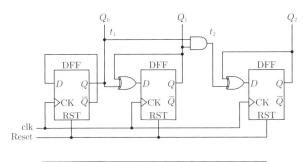

図 13・1 8 進アップカウンタの論理回路図

〔2〕 2^n 進ダウンカウンタ

この節では，2^n 進ダウンカウンタの設計方法について述べる．例として，8 進ダウンカウンタを考える．ここに，カウンタの初期状態は S_0 とし，初期状態に対応する状態変数の値は $(0,0,0)$ とする．8 進ダウンカウンタの状態遷移を**表 13·2** に示す．

表 13・2 8 進ダウンカウンタの状態遷移表

状態変数 状態名	現在の状態			次の状態		
	Q_2	Q_1	Q_0	Q_2^+	Q_1^+	Q_0^+
S_0	0	0	0	1	1	1
S_1	0	0	1	0	0	0
S_2	0	1	0	0	0	1
S_3	0	1	1	0	1	0
S_4	1	0	0	0	1	1
S_5	1	0	1	1	0	0
S_6	1	1	0	1	0	1
S_7	1	1	1	1	1	0

同表を観察すると,状態変数の値の変化に関して次のことがわかる.
(1) 状態変数 Q_0 は,各時刻ごとに反転する.
(2) 状態変数 Q_i, $(i > 0)$ の値が反転するのは,$Q_{i-1}, \cdots, Q_0$ の値がすべて 0 の場合だけである.

そこで,Q_i が反転する条件に着目すると,2^n 進ダウンカウンタの特性方程式は次のようになる.

$$t_i = \overline{Q}_{i-1} \cdot \cdots \cdot \overline{Q}_0,\ i > 0 \tag{13・4}$$

$$Q_0^+ = \overline{Q}_0 \tag{13・5}$$

$$Q_i^+ = Q_i \oplus t_i,\ i > 0 \tag{13・6}$$

このようにして設計された 8 進ダウンカウンタの回路図を図 13・2 に示す.

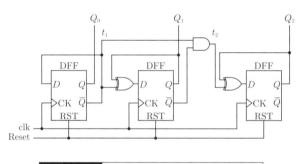

図 13・2 8 進ダウンカウンタの論理回路図

〔3〕2^n 進アップダウンカウンタ

この節では,2^n 進アップダウンカウンタの設計方法について述べる.例として,8 進アップダウンカウンタを考える.これまでと同様に,カウンタの初期状態は S_0 とし,初期状態に対応する状態変数の値は $(0, 0, 0)$ とする.

アップダウンカウンタでは,カウントをアップさせるかダウンさせるかを指示する制御入力が必要である.以下では,この制御信号の名前を u とし,u の値が 1 の場合にはアップカウンタとして,0 の場合にはダウンカウンタとして動作するように設計する.8 進アップダウンカウンタの状態遷移を表 13・3 に示す.

13・2 2^n進カウンタ

表13・3 8進アップダウンカウンタの状態遷移表

状態変数 状態名	制御 u	現在の状態			次の状態		
		Q_2	Q_1	Q_0	Q_2^+	Q_1^+	Q_0^+
S_0	0	0	0	0	1	1	1
S_1	0	0	0	1	0	0	0
S_2	0	0	1	0	0	0	1
S_3	0	0	1	1	0	1	0
S_4	0	1	0	0	0	1	1
S_5	0	1	0	1	1	0	0
S_6	0	1	1	0	1	0	1
S_7	0	1	1	1	1	1	0
S_0	1	0	0	0	0	0	1
S_1	1	0	0	1	0	1	0
S_2	1	0	1	0	0	1	1
S_3	1	0	1	1	1	0	0
S_4	1	1	0	0	1	0	1
S_5	1	1	0	1	1	1	0
S_6	1	1	1	0	1	1	1
S_7	1	1	1	1	0	0	0

同表を観察すると，状態変数の値の変化に関して次のことがわかる．
(1) 状態変数 Q_0 は，各時刻ごとに反転する．
(2) 状態変数 Q_i, $i > 0$ の値が反転するのは，$u = 1$ の場合には $Q_{i-1}, \cdots, Q_0$ の値がすべて 1 の場合だけである．また，$u = 0$ の場合には $Q_{i-1}, \cdots, Q_0$ の値がすべて 0 の場合だけである．

そこで，Q_i が反転する条件に着目すると，2^n 進アップダウンカウンタの特性方程式は次のようになる．

$$t_i = (\overline{u} \oplus Q_{i-1}) \cdots (\overline{u} \oplus Q_0), \ i > 0 \tag{13・7}$$

$$Q_0^+ = \overline{Q_0} \tag{13・8}$$

$$Q_i^+ = Q_i \oplus t_i, \ i > 0 \tag{13・9}$$

このようにして設計された 8 進アップダウンカウンタの回路図を図 13・3 に示す．

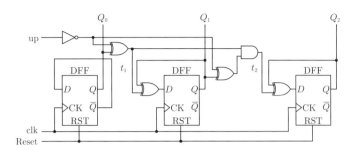

図 13・3　8 進アップダウンカウンタの論理回路図

13・3　2^n 以外の周期をもつカウンタ

この節では，2^n 以外の周期をもつカウンタの設計方法について説明する．設計したいカウンタの周期を $K > 0$ として，K 以上で最小の 2 のべき乗数を 2^n とする．ここでは，2^n 進カウンタを修正して K 進カウンタを設計することにする．

〔1〕 K 進アップカウンタ

K 進アップカウンタの例として，$K = 6$ の場合について考える．6 進アップカウンタの状態遷移表を**表 13・4** に示す．

表 13・4　6 進アップカウンタの状態遷移表

状態変数 状態名	現在の状態			次の状態		
	Q_2	Q_1	Q_0	Q_2^+	Q_1^+	Q_0^+
S_0	0	0	0	0	0	1
S_1	0	0	1	0	1	0
S_2	0	1	0	0	1	1
S_3	0	1	1	1	0	0
S_4	1	0	0	1	0	1
S_5	1	0	1	0	0	0

この表を 8 進アップカウンタの状態遷移表（表 13・1）と比較すると，次の違いがあることがわかる．
(1) 8 進アップカウンタでは，状態 S_5（カウンタ値 101）の次の状態は S_6（カウ

ンタ値 101）である．

(2) 6 進アップカウンタでは，状態 S_5（カウンタ値 101）の次の状態は S_6 ではなく S_0 となり，状態 S_6, S_7 は存在しない．

したがって，6 進アップカウンタでは，カウンタの値が上限値 $K-1 = 101$ に達すると次に時刻のカウンタ値を強制的に 000 リセットする必要がある．そのためには，カウンタの値が上限値（101）に達したときに値が 0 それ以外の場合には 1 になる論理関数 $r(Q_2, Q_1, Q_0)$ を用意し，この関数の値が 0 になったときにカウンタの値をリセットすればよい．

カウンタの値は 000 から上限値（$K-1$）まで単調に増加するのでカウンタ値の上限値の 2 進表現のビットの値が 0 であるどの変数の値を 1 に置き換えても，2 進表現の値は上限値よりも大きくなる．したがって，関数 r では上限値の 2 進表現のビットの値が 0 である変数は，**ドントケア**（don't care）として扱ってもよい．これらの変数をドントケアとして扱うためには，単に積項の中から該当する変数を消去すればよい．こうすることにより，関数 r の論理回路が簡単になり，遅延時間も短くなる．

この考え方を一般化すると，関数 $r(Q_{n-1}, Q_{n-2}, \cdots, Q_0)$ は，カウンタの上限値の 2 進表現でビットの値が 1 である桁に対応するすべての変数 Q_i の否定の論理和で表現できる．すなわち，カウンタの上限値 $K-1$ の 2 進表現を $k_{n-1}k_{n-2}\cdots k_0$ とすると，関数 r は次式で表現できる．

$$r(Q_{n-1}, Q_{n-2}, \cdots, Q_0) = (k_{n-1} \cdot \overline{Q}_{n-1}) \vee (k_{n-2} \cdot \overline{Q}_{n-2}) \vee \vee, (k_0 \cdot \overline{Q}_0) \tag{13・10}$$

各 k_i は 0 または 1 の定数なので，6 進アップカウンタの場合には，関数 r は次のようになる．

$$r(Q_2, Q_1, Q_0) = \overline{Q}_2 \vee \overline{Q}_0 \tag{13・11}$$

このような関数 r を用いると，K 進アップカウンタの特性方程式は次のように表せる．

$$t_i = Q_{i-1} \cdot \cdots \cdot Q_0, \ i > 0 \tag{13・12}$$

$$r = (k_{n-1} \cdot \overline{Q}_{n-1}) \vee (k_{n-2} \cdot \overline{Q}_{n-2}) \vee \cdots, \vee (k_0 \cdot \overline{Q}_0) \tag{13・13}$$

$$Q_0^+ = \overline{Q}_0 \tag{13・14}$$

$$Q_i^+ = (Q_i \oplus t_i) \cdot r,\ i > 0 \tag{13・15}$$

この方法で設計した6進アップカウンタの論理回路図を図 13・4 に示す.

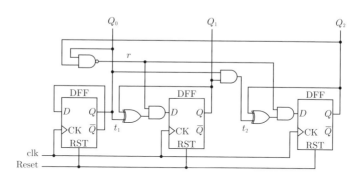

図 13・4　6進アップカウンタの論理回路図

〔2〕 K 進ダウンカウンタ

K 進ダウンカウンタの例として，$K=6$ の場合について考える．6進ダウンカウンタの状態遷移表を表 13・5 に示す.

表 13・5　6進ダウンカウンタの状態遷移表

状態変数 状態名	現在の状態			次の状態		
	Q_2	Q_1	Q_0	Q_2^+	Q_1^+	Q_0^+
S_0	0	0	0	1	0	1
S_1	0	0	1	0	0	0
S_2	0	1	0	0	0	1
S_3	0	1	1	0	1	0
S_4	1	0	0	0	1	1
S_5	1	0	1	1	0	0

この表を8進ダウンカウンタの状態遷移表（表 13・2）と比較すると，次の違いがあることがわかる.

(1) 8進ダウンカウンタでは，状態 S_0（カウンタ値000）の次の状態は S_7（カウ

ンタ値 111）である．

(2) 6 進ダウンカウンタでは，状態 S_0（カウンタ値 000）の次の状態は S_7 ではなく S_5（カウンタ値 101）となり，状態 S_6, S_7 は存在しない．

したがって，6 進ダウンカウンタでは，カウンタの値が 000 の場合には，次の時刻での Q_1 の値を強制的に 0 にする必要がある．

この考え方を一般化すると，次のようにして K 進ダウンカウンタが実現できる．まず，カウンタの上限値 $K-1$ の 2 進表現を $k_{n-1}k_{n-2}\cdots k_0$ とする．カウンタ値が $00\cdots 0$ のときに，上限値の 2 進表現が 0 である位置に対応する状態変数を 0 にリセットするための論理関数 p_i を用意する．関数 p_i は，すべての Q_i の論理和と k_i の論理和である．K 進ダウンカウンタの特性方程式は，次のようになる．k_i はカウンタの上限値 $(K-1)$ の 2 進表現の第 i 桁目の値である．

$$t_i = \overline{Q}_{i-1} \cdot \cdots \cdot \overline{Q}_0, \ i > 0 \tag{13・16}$$

$$p_i = k_i \vee Q_{n-1} \vee Q_{n-2} \vee \cdots \vee Q_0 \tag{13・17}$$

$$Q_0^+ = \overline{Q}_0 \cdot p_0 \tag{13・18}$$

$$Q_i^+ = (Q_i \oplus d_i) \cdot p_i \tag{13・19}$$

この方法で設計した 6 進ダウンカウンタの論理回路図を図 13·5 に示す．

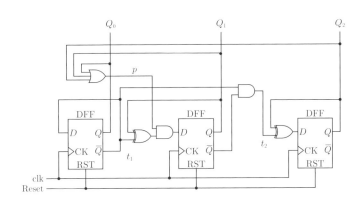

図 13・5 6 進ダウンカウンタの論理回路図

〔3〕 K 進アップダウンカウンタ

K 進アップダウンカウンタの例として $K = 6$ の場合について考える．6 進アップダウンカウンタの状態遷移表を**表 13·6** に示す．この表で，入力 u はカウンタの動作（アップ/ダウン）を制御する信号であり，$u = 1$ の場合にアップカウンタ，$u = 0$ の場合にダウンカウンタとしての動作を表している．

表 13·6 6 進アップダウンカウンタの状態遷移表

状態変数 現在の状態名	制御入力	現在の状態			次の状態		
	u	Q_2	Q_1	Q_0	Q_2^+	Q_1^+	Q_0^+
S_0	0	0	0	0	1	0	1
S_1	0	0	0	1	0	0	0
S_2	0	0	1	0	0	0	1
S_3	0	0	1	1	0	1	0
S_4	0	1	0	0	0	1	1
S_5	0	1	0	1	1	0	0
S_0	1	0	0	0	0	0	1
S_1	1	0	0	1	0	1	0
S_2	1	0	1	0	0	1	1
S_3	1	0	1	1	1	0	0
S_4	1	1	0	0	1	0	1
S_5	1	1	0	1	0	0	0

この表を 8 進アップダウンカウンタの状態遷移表（表 13·3）と比較すると，先に 6 進アップカウンタおよび 6 進ダウンカウンタの設計のときに述べたような違いがあることがわかる．

K 進アップダウンカウンタの特性方程式は次のようになる．下記の式で，k_i はカウンタの上限値 $(K - 1)$ の 2 進表現の第 i 桁目の値である．関数 t_i は，第 i 桁目のビットを反転させるために用いられる．また，関数 r は，カウントアップ時にカウンタ値をリセットするために用いられる．さらに，関数 p_i はカウントダウン時にカウンタに上限値をセットするために用いられている．

$$t_i = (\overline{u} \oplus Q_{i-1}) \cdot \cdots \cdot (\overline{u} \oplus Q_0), \quad i > 0 \tag{13·20}$$

$$r = (k_{n-1} \cdot \overline{Q}_{n-1}) \vee (k_{n-2} \cdot \overline{Q}_{n-2}) \vee \cdots \vee (k_0 \cdot \overline{Q}_0) \tag{13·21}$$

$$p_i = k_i \vee Q_{n-1} \vee Q_{n-2} \vee \cdots \vee Q_0 \tag{13・22}$$

$$Q_0^+ = \overline{Q}_0 \cdot (u \cdot r \vee \overline{u} \cdot p_0) \tag{13・23}$$

$$Q_i^+ = (Q_i \oplus t_i) \cdot (u \cdot r \vee \overline{u} \cdot p_i) \tag{13・24}$$

この方法で設計した6進アップダウンカウンタの論理回路図を図13・6に示す.

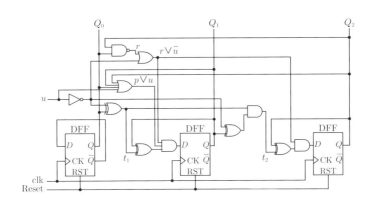

図 13・6　6進アップダウンカウンタの論理回路図

13・4 リングカウンタ

リングカウンタ(ring counter) は,n 個の状態を n 個のフリップフロップを用いて実現するカウンタである.6個の状態をもつリングカウンタの状態遷移を表13・7に示す.リングカウンタの特徴は,n ビットの状態コードの各ビットのうちの1個だけが1であり,それ以外のビットが0である点である.このような状態コードは**ワンホットコード**(one hot code)と呼ばれている.この符号化方法は,状態のデコードが不要なので,高速なステートマシンの実装に適している.

表13・7を解析すると,n を状態数としてリングカウンタの特性方程式は,次のようになる.

$$Q_0^+ = Q_{n-1} \tag{13・25}$$

表 13・7　6個の状態をもつリングカウンタの状態遷移表

状態名	現在の状態						次の状態					
	Q_5	Q_4	Q_3	Q_2	Q_1	Q_0	Q_5^+	Q_4^+	Q_3^+	Q_2^+	Q_1^+	Q_0^+
S_0	0	0	0	0	0	1	0	0	0	0	1	0
S_1	0	0	0	0	1	0	0	0	0	1	0	0
S_2	0	0	0	1	0	0	0	0	1	0	0	0
S_3	0	0	1	0	0	0	0	1	0	0	0	0
S_4	0	1	0	0	0	0	1	0	0	0	0	0
S_5	1	0	0	0	0	0	0	0	0	0	0	1

$$Q_i^+ = Q_{i-1}, \ i > 0 \tag{13・26}$$

Q_0 の初期値が1であることを考慮すると，6個の状態をもつリングカウンタの論理回路図は図13・7のようになる．同図で，最も左にあるDフリップフロップは，初期化制御信号 Reset を1にするときに，制御入力信号 SET を1にセットすることによって Q_0 の値を1にセットする機能をもっている．他のフリップフロップの出力は0に初期化される．

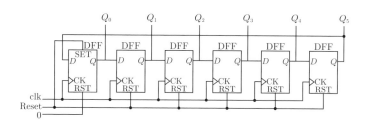

図 13・7　6個の状態をもつリングカウンタの論理回路図

13・5　ジョンソンカウンタ

ジョンソンカウンタ（Johnson counter）は，n 個のフリップフロップを用いて $2n$ 個の状態を実現するカウンタである．8個の状態をもつジョンソンカウンタの状態遷移を表13・8に示す．

13・5 ジョンソンカウンタ

表 13・8 8個の状態をもつジョンソンカウンタの状態遷移表

状態名	現在の状態				次の状態			
	Q_3	Q_2	Q_1	Q_0	Q_3^+	Q_2^+	Q_1^+	Q_0^+
S_0	0	0	0	0	0	0	0	1
S_1	0	0	0	1	0	0	1	1
S_2	0	0	1	1	0	1	1	1
S_3	0	1	1	1	1	1	1	1
S_4	1	1	1	1	1	1	1	0
S_5	1	1	1	0	1	1	0	0
S_6	1	1	0	0	1	0	0	0
S_7	1	0	0	0	0	0	0	0

ジョンソンカウンタの特徴は，隣接する状態の間の**ハミング距離**（hamming distance）が1であることである．状態遷移の途中ではたかだか1個のフリップフロップの出力しか変化しないので，状態変数をデコードしても，未定義の状態や本来遷移しない状態を検出することがない．

表13·8を解析すると，nをフリップフロップの個数として，ジョンソンカウンタの特性方程式は次のようになる．

$$Q_0^+ = \overline{Q}_{n-1} \tag{13・27}$$

$$Q_i^+ = Q_{i-1}, \; i > 0 \tag{13・28}$$

したがって，8個の状態をもつジョンソンカウンタの論理回路図は**図 13·8**のようになる．

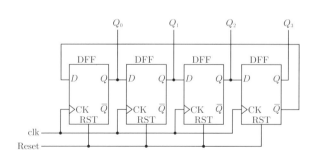

図 13・8 8個の状態をもつジョンソンカウンタの論理回路図

13·6 グレイコードカウンタ

グレイコードカウンタ（gray code counter）は，n 個のフリップフロップを用いて 2^n 個の状態を実現するカウンタである．n 個のビットで表現できる状態数の上限は 2^n なので，n 個のビットのすべての組合せが有効な状態に対応していることになり，状態の符号化には冗長性がない．

8個の状態をもつグレイコードカウンタの状態遷移を**表 13·9** に示す．

表 13·9 グレイコードカウンタの状態遷移表

状態名	現在の状態			次の状態		
	Q_2	Q_1	Q_0	Q_2^+	Q_1^+	Q_0^+
S_0	0	0	0	0	0	1
S_1	0	0	1	0	1	1
S_2	0	1	1	0	1	0
S_3	0	1	0	1	1	0
S_4	1	1	0	1	1	1
S_5	1	1	1	1	0	1
S_6	1	0	1	1	0	0
S_7	1	0	0	0	0	0

グレイコードカウンタの特徴は，隣接する状態の状態変数の値の間のハミング距離（hamming distance）が1であることと，状態の符号化に冗長性がないことである．前者の特徴から，ジョンソンカウンタと同様に，状態遷移の途中ではたかだか1個のフリップフロップの出力しか変化しないので，状態変数をデコードしても，本来遷移しない状態を検出することがない．また，後者の性質から，2^n 個の状態をもつカウンタが n ビットの状態変数で表現できることになり，理論的に最小個数のフリップフロップでカウンタが実現できることになる．

グレイコードカウンタを設計する場合，本章で説明した状態遷移表から規則性を見つけ出して特性方程式を発見的に決定する方法は有効ではない．規則性を見つけ出すのが容易ではないからである．このような場合には，11章で説明した順序機械の設計法が有効である．この方法で8進グレイコードカウンタの特性方程

13・6 グレイコードカウンタ

式を求めると次のようになる．

$$Q_0^+ = Q_2 \cdot Q_1 \vee \overline{Q}_2 \cdot \overline{Q}_1 \qquad (13・29)$$

$$Q_1^+ = \overline{Q}_2 \cdot Q_0 \vee Q_1 \cdot \overline{Q}_0 \qquad (13・30)$$

$$Q_2^+ = Q_2 \cdot Q_0 \vee Q_1 \cdot \overline{Q}_0 \qquad (13・31)$$

このようにして実装された 8 進グレイコードカウンタの論理回路図を図 13·9 に示す．

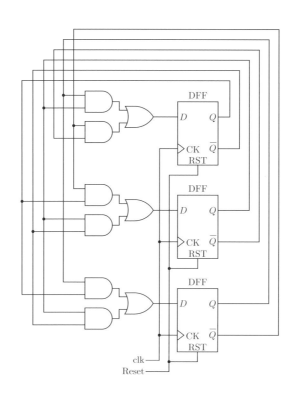

図 13・9 8 個の状態をもつグレイコードカウンタの論理回路図

演習問題

1 12章で述べた順序回路の設計法を用いて8進アップダウンカウンタを設計せよ．設計結果を解析し，各Dフリップフロップの入力が本章で説明した設計手法を用いて設計した結果と等価になることを確認せよ．

2 10進アップダウンカウンタを，本章で説明した設計方法を用いて設計せよ．

3 10進アップカウンタに論理回路を追加して，カウンタからの桁上げ信号を出力できるようにせよ．この桁上げ信号は，カウンタの値が9の場合に1となり，それ以外の場合には0となる．

4 桁上げ信号が入力されたときにだけカウンタアップ動作を行う6進アップカウンタを設計せよ．このカウンタからの桁上げ出力はカウンタ値が5の場合に1となり，それ以外の場合には0となる．（ヒント：イネーブル機能付きのDフリップフロップを用いて実装するとよい．）

5 直前の二つの問題で機能を追加した10進アップカウンタと6進アップカウンタを組み合わせて，出力がBCD（2進化10進数）形式の60進カウンタを設計せよ．60進カウンタからの桁上げ信号は，カウンタ値が59の場合に1となり，それ以外の場合には0となる．

14章 乗算器と除算器

乗算と除算は加減算とならんで基本的な数値演算である．本章では，固定小数点数を対象とする乗算器と除算器の構成方法について説明する．これらの演算器の実現方法には，逐次形のアルゴリズムにもとづく方法と並列形あるいはパイプライン形のアルゴリズムにもとづく方法がある．また，符号なし2進数と符号付き2進数の乗算および除算についても説明する．

14・1 表 記 法

乗算器と除算器について説明する前に，この章で用いる表記法と演算子について説明する．

〔1〕2進数のビット列表現

2進数 X を次のような**ビット列**（bit string）で表す．

$$X = (x_{n-1}, x_{n-2}, \cdots, x_0) \tag{14・1}$$

ここで，n は X の桁数を表す．x_{n-1} は X の最上位ビット（MSB），x_0 は X の最下位ビット（LSB）である．

次に，X の下位から $(i+1)$ ビット目から $(j+1)$ ビット目 $(i > j)$ までの部分列を $X[i\,..\,j]$ で表す．すなわち

$$X[i\,..\,j] = (x_i, \cdots, x_j),\ n > i > j \geq 0 \tag{14・2}$$

である．

〔2〕ビット列の連接

記号 & をビット列に対する**連接**（concatenetion）演算子として用いる．すなわち

$$X = (x_{n-1}, x_{n-2}, \cdots, x_0) \tag{14・3}$$

$$Y = (y_{m-1}, y_{m-2}, \cdots, y_0) \tag{14・4}$$

とするとき，$X\&Y$ を次式で定義する．

$$X\&Y = (x_{n-1}, \cdots, x_0, y_{m-1}, \cdots, y_0) \tag{14・5}$$

〔3〕ビット列とビットの論理積

X をビット列，y をビットとして，これらの論理積 $X \odot y$ を次式のように X の各ビットと y の論理積からなるビット列として定義する．

$$X \odot y = (x_{n-1} \cdot y, x_{n-2} \cdot y, \cdots, x_0 \cdot y) \tag{14・6}$$

14・2 乗算器の種類

整数の**乗算**（multiplication）は，二つの数値 X と Y の積 $Z = X \times Y$ を求める演算である．**乗算器**（multiplier）は，乗算を実行する論理回路である．以下では，X を**被乗数**（multiplicand），Y を**乗数**（multiplier），Z を**積**（product）と呼ぶ．

10 進法による乗算と 2 進法による乗算の例を図 14・1 に示す．同図に示すように，乗算は加算とシフト演算の繰返しによって実現できる．乗算器を実現するには次のような方法がある．

(1) 加算とシフト演算を逐次的に繰り返す方法
(2) 複数の加算器をアレイ状に並べて加算とシフト演算をパイプライン的に実行する方法
(3) 加算器をツリー状に配置して部分加算を並列に実行する方法

(2) の方法で多段に縦続接続した加算器群を用いる場合には，桁上げの伝搬を各加算器の内部で行わないで，次段以降の加算器で桁上げを実行する**桁上げ保存加算器**（carry save adder）を用いることによって，加算器群の遅延時間を短縮することができる．

```
    6 × 7 = 42           0110 × 0111 = 00101010

                                0 1 1 0
                              × 0 1 1 1
          6                     0 1 1 0
        × 7                   0 1 1 0
        ─────               0 1 1 0
         4 2              0 0 0 0
                          ───────────────
                          0 0 1 0 1 0 1 0

     (a) 10進法での乗算    (b) 2進法での乗算
```

図 14・1 10進法および2進法での乗算の例

14・3 逐次形乗算器

符号なし2進数の乗算は 図 14・1 (b) に示すように，被乗数を1ビットずつシフトしながら選択的に加算を繰り返すことによって実行できる．その際，乗数を最下位ビットから最上位ビットの方向に向かって1ビットずつ検査を行い，該当するビットの値が0であれば被乗数はシフトのみで加算せず，1であれば被乗数をシフトして加算を行えばよい．この選択的な加算処理は，被乗数のビット列と検査されたビットの論理積を加算することによって，論理回路で効率よく実行できる．検査されたビットの値が0のときには論理積の値が$000\cdots0$になるからである．

このような方法で32ビットの被乗数および32ビットの乗数の乗算を行い64ビットの積を計算する乗算器のブロック図を 図 14・2 に示す．同図で，X および Y はそれぞれ被乗数および乗数を格納するレジスタである．また，Z は積の一部を計算するための32ビットのレジスタである．レジスタ Z とレジスタ X の加算結果は桁上げを含めて33ビットになる．加算結果を $W[32..0]$ で表す．$W[32]$ は桁上げである．

同図で，実線はデータの転送を行う配線を表しており，破線は制御信号の転送を行う配線を表している．配線上に「/32」と書かれているのは，この配線が32ビットの幅をもっていることを表している．レジスタ X の出力に接続されている AND ゲートは，レジスタ X から読み出された32ビットのビット列とレジスタ Y の最下位ビットとの論理積演算を実行する．

また，加算器（ADD）の出力が2カ所に分岐している部分の記述では，加算結

果の最下位の 1 ビットがレジスタ Y の最上位ビットの位置に格納され，桁上げ 1 ビットに加算結果の残りの 31 ビットを連接したビット列がレジスタ Z に格納されることを表している．

64 ビットの乗算結果は，レジスタ Z とレジスタ Y を連接することによって得られる．制御回路は繰返し回数を制御するための 5 ビットのカウントをもっている．

この乗算器を用いた逐次形乗算アルゴリズムは次のとおりである．

【逐次形乗算アルゴリズム】

Step 1【初期化】
レジスタ X およびレジスタ Y に，被乗数および乗数をそれぞれ格納する．レジスタ Z を 0 にリセットする．制御回路中のカウンタの値を 31 に初期化する．

Step 2【加算とシフト】
(1) $Y[0] = 1$ であれば $W \Leftarrow Z + X$ とし，そうでなければ $W \Leftarrow Z$ とする．
(2) レジスタ Y を右に 1 ビットシフトする．レジスタ Y の最上位ビットにはレジスタ W の最下位ビットをセットする．レジスタ Z には，レジスタ W の上位 32 ビットを格納する．

Step 3【終了判定】
(1) カウンタの値が 0 であれば演算は終了．被乗数と乗数の積は，レジスタ Z とレジスタ Y の内容を結合して得られる 64 ビットの 2 進数である．
(2) カウンタの値が 0 でなければ，カウンタから 1 を減じて Step 2 へ．

【アルゴリズムの記述終了】

図 14·2 のブロック図では，上記の処理手順中の Step 2 の (1) で，レジスタ Y の最下位ビット $Y[0]$ が 1 の場合にはレジスタ X の値を，そうでない場合には 0 をレジスタ Z に加算する処理は，レジスタ X と $Y[0]$ との論理積をレジスタ Z の値に加えることによって実現している．

逐次形乗算器では，図 14·1（b）のように，乗数を 1 ビット左シフトしながら

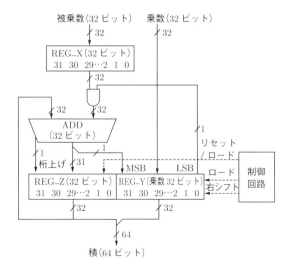

図 14・2 逐次形乗算器のブロック図

加算を繰り返す．乗数の位置を固定して考えると，加算結果を右に 1 ビットずつシフトしながら加算を繰り返すことになる．その場合，前回の加算結果の最下位ビットは値が確定しているので，1 回の加算とシフトの繰返しによって，乗算結果は 1 ビットずつ値が確定してゆくことになる．

一方，レジスタ Y に格納された乗数は，最下位ビットから順に値が参照され，値が参照されたビットは二度と参照されることはない．そこで，値が確定した乗算結果の最下位ビットを，1 ビット右シフトされて空きになったレジスタ Y の最上位ビットの位置に記録していくことによって，記憶要素の個数が節約できる．

この構成の逐次形乗算器では，n 桁の被乗数と m 桁の乗数の乗算を，初期化を含めて $(m+1)$ クロックで実行できる．

14・4 アレイ形乗算器

二つの n ビットの 2 進数の乗算を前節で述べた逐次形乗算器で実行すると，演算の開始から終了までに必要な実行サイクル数は $(n+1)$ となる．より少ない実行サイクル数で乗算を実行する方法の一つは，逐次形乗算器の計算手順の Step 2

および Step 3 の繰返しの処理を展開し，加算器を縦続接続して実行することである．このような方法で演算を実行する乗算器は**アレイ形乗算器**（array type maultipier）と呼ばれている．アレイ形乗算器のブロック図を**図 14·3** に示す．この図で $X \odot y_i$ はビット列 X とビット y_i の論理積演算である．

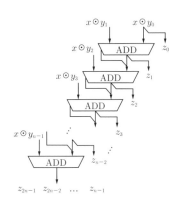

図 14·3 アレイ形乗算器のブロック図

図 14·2 の乗算器は組合せ回路だけで構成されるので，乗算は 1 サイクルで実行可能である．ただし，この構成では $(n-1)$ 個の n ビット加算器を縦続接続しているので，回路全体の遅延時間は，n ビット加算器の遅延時間の $(n-1)$ 倍になる．そのため，入力の桁数（n）が大きい場合には遅延時間が非常に長くなってしまう．

遅延時間を短縮する方法としては 9 章で説明した桁上げ先見加算器を用いて加算を実行する方法もあるが，多ビットの桁上げ先見加算器はハードウェア量が大きくなる（ゲート数が多くなる）という問題がある．

遅延時間をより効果的に短縮する方法として，**桁上げ保存加算器**（carry save adder）を用いる方法がある．n ビットの桁上げ保存加算器は，全加算器を n 個並列に並べただけの構成であり，回路の遅延時間は桁数にかかわらず一定（全加算器 1 個分の遅延時間と同じ）である．

桁上げ保存加算器を用いた 6 ビットのアレイ形乗算器のブロック図を**図 14·5** に示す．この図で (i, j) は $x_i \cdot y_j$ を表している（図をできるだけコンパクトに表現

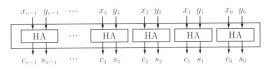

（a） 半加算器を用いた桁上げ保存加算器

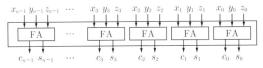

（b） 全加算器を用いた桁上げ保存加算器

図 14・4 桁上げ保存加算器の構成

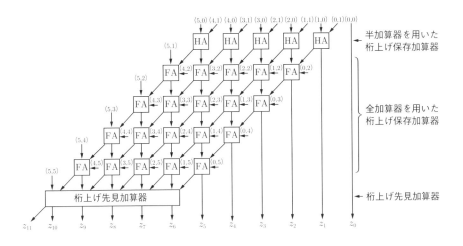

図 14・5 桁上げ保存加算器と桁上げ先見加算器を用いたアレイ形乗算器のブロック図

するための略記法である）．

　桁上げ保存加算器は，このブロック図のように複数回の加算を連続して実行する場合に用いられる．桁上げ保存加算器で発生した桁上げは次の加算で1桁上位の桁に加えられる．最終段の加算器は桁上げ保存加算器ではなく，桁上げ先見加算器などを用いて途中の未加算の桁上げを吸収する．

14·5 ツリー形乗算器

加算には結合則が成り立つので,演算の順序を変更してもよい.そこで,図 14·3 のアレイ形乗算器で遅延時間ができるだけ短くなるように加算の順序を変更する.例えば,8 桁の 2 進数 X および Y の乗算は次のようにして実行できる.以下の式で,$Z_{i,j}$ は,X と $Y[i..j]$ の積に 2 のべき乗の重みを付けて加算を行った部分積(全体の積の一部)を表している.なお,2 進数に 2^k を乗ずる操作は,データを k ビット左にシフトする操作に対応するので,論理回路では配線を工夫するだけで簡単に実現できる.

【ツリー形並列乗算アルゴリズム】

Step 1
次の式に従って次の四つの部分積を並列に計算する.

$$Z_{7,6} \Leftarrow X \odot y_7 \times 2 + X \odot y_6 \qquad (14 \cdot 7)$$

$$Z_{5,4} \Leftarrow X \odot y_5 \times 2 + X \odot y_4 \qquad (14 \cdot 8)$$

$$Z_{3,2} \Leftarrow X \odot y_3 \times 2 + X \odot y_2 \qquad (14 \cdot 9)$$

$$Z_{1,0} \Leftarrow X \odot y_1 \times 2 + X \odot y_0 \qquad (14 \cdot 10)$$

Step 2
次の式に従って次の二つの部分積を並列に計算する.

$$Z_{7,4} \Leftarrow Z_{7,6} \times 2^2 + Z_{5,4} \qquad (14 \cdot 11)$$

$$Z_{3,0} \Leftarrow Z_{3,2} \times 2^2 + Z_{1,0} \qquad (14 \cdot 12)$$

Step 3
次の演算を実行する.

$$Z \Leftarrow Z_{7,4} \times 2^4 + Z_{3,0} \qquad (14 \cdot 13)$$

【アルゴリズムの記述終了】

上記のアルゴリズムの Step 1 で,式 (14·7), (14·8), (14·9), (14·10) の計算は 4 個の 8 ビット加算器を用いて並列に実行される.このとき,$X \cdot y_7$, $X \cdot y_5$, $X \cdot y_3$, $X \cdot y_1$

は左に 1 ビットシフトされてから $X \cdot y_6, X \cdot y_4, X \cdot y_2, X \cdot y_0$ と加算されるので，後者の最下位ビットは加算する必要はなく，そのまま加算結果の最下位ビットとすればよい．したがって，8 ビット加算器を用いて演算を行えばよい．加算結果は 10 ビットになる．

次に，Step 2 で，式 (14·11)，(14·12) の計算は 2 個の 10 ビット加算器を用いて並列に実行される．このとき，Z_{76}, Z_{32} は左に 2 ビットシフトされてから Z_{54}, Z_{30} と加算されるので，後者の下位 2 ビットは加算する必要がなく，そのまま加算結果の下位ビットとすればよい．したがって，10 ビット加算器を用いて演算を行えばよい．結果は 12 ビットになる．

最後に，Step 3 で，式 (14·13) の計算を 12 ビット加算器を用いて実行する．このとき，Z_{74} は左に 4 ビットシフトされてから Z_{30} と加算されるので，後者の下位 4 ビットは加算する必要がなくそのまま加算結果の下位 4 ビットにすればよい．したがって，12 ビット加算器を用いて演算を行えることになる．結果は 16 ビットである．この乗算器では加算器がツリー状に接続されるので，**ツリー形乗算器**と呼ばれている．

図 14·6 の構成では，入力の桁数を n とすると，加算器の個数は $(n-1)$ となり，回路の規模は図 14·3 の回路よりもやや大きくなるが，加算器のツリーの深さ（加算器の段数）は，$\lceil \log_2 n \rceil$ なので乗算を高速に実行できる．

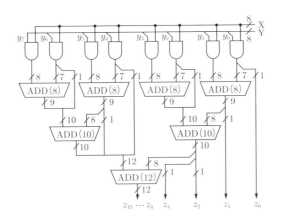

図 14·6 ツリー形乗算器のブロック図

ツリー形乗算器の構成方法としては，この節で紹介した方法の他に，**ワラスツリー乗算器**（Wallace tree maltiplier），**ダッダツリー乗算器**（Dadda tree maltiplier）などが知られている．

14・6 符号付き数の乗算

前節までは，符号なし2進数の乗算方法について説明してきた．この節では，符号付き2進数の乗算方法について説明する．一般には，符号付き2進数の乗算は次のようにして実行する．まず，被乗数および乗数の絶対値の乗算を行う．被乗数と乗数の符号が同じ（ともに正またはともに負）である場合には，絶対値の乗算結果をそのまま出力する．また，被乗数および乗数の符号が異なる場合（正と負または負と正）には，乗算結果は負になるので，絶対値の乗算結果の2の補数を出力する．

負の数が2の補数で表現されている場合に，乗数または被乗数が負の場合でも，符号を考慮することなく2の補数形式のまま乗算を行ったとする．この場合，乗算結果の絶対値が $(2^{31}-1)$ 以下であれば，乗算結果を32ビット長の符号付き固定小数点数とみなすことによって正しい演算結果が得られることが知られている．

これは，符号なし2進数の加算では加算結果が 2^{32} で割った剰余によって表現されており，負の数を符号なし2進数として解釈すると $(2^{31}-1)$ を超える値で表現されているからである．

32ビット計算機用のC言語コンパイラでは，整数型は32ビットの符号付き2進数に対応しているのが普通である．このような計算機では，整数の乗算は演算結果の下位32ビットだけを出力する乗算器を用いて実行してもよい．このような乗算器は，64ビットの演算結果を出力する乗算器の約半分のハードウェア量で実現でき，遅延時間も短くなる．

14・7 除算器の種類

整数の**除算**（division）は，X を Y で割って得られる商 Q と剰余 R を求める演算である．**除算器**（divider）は，除算を実行する演算器である．以下では，X を**被**

除数 (dividend), Y を除数 (divisor), Q を商 (quotient), R を剰余 (remainder) と呼ぶ．これらの数値の間には，次の関係が成り立つ．

$$X = Y \times Q + R \tag{14・14}$$

$$|R| < |Y| \tag{14・15}$$

10 進法による除算と 2 進法による除算の例を図 14·7 に示す．この例に示すように，除算は減算とシフト演算の繰返しによって実現できる．

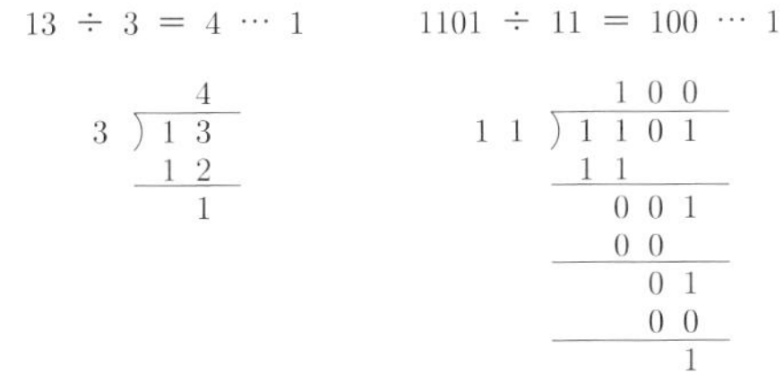

(a) 10 進法での除算　　(b) 2 進法での除算

図 14・7　引き戻し法にもとづく逐次形除算の実行例

除算のアルゴリズムには，**引き戻し除算法** (restration division) および**引き放し除算法** (nonrestration division) の 2 通りの方法がある．

乗算では交換則が成立するので，演算の順序を入れ替えることによって図 14·6 のようなツリー形の回路構成を用いて並列型乗算器が容易に実現できる．しかし，除算では交換則が成立しないので，逐次的に演算を行わざるを得ない．

14・8　引き戻し法にもとづく除算器

まず，基本となる乗算器として，引き戻し法にもとづいて 2 進数の加減算とシフト演算を逐次的に実行する逐次形除算器について説明する．

符号なし 2 進数の除算は図 14·7 (b) に示すように，被除数を 1 ビットずつシフトしながら被除数の一部と除数の比較を行い，選択的な減算を繰り返すことによって実現できる．この方法で 32 ビットの被除数を 32 ビットの除数で除算を行い，32 ビットの商と 32 ビットの剰余を計算する除算器のブロック図を図 14·8 に示す．

14 章　乗算器と除算器

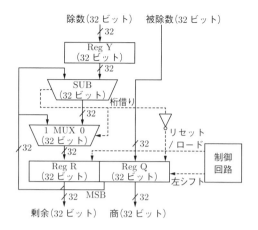

図 14・8　引き戻し法にもとづく逐次形除算器のブロック図

同図で，Q および Y はそれぞれ被除数および除数を格納するレジスタである．演算が終わったときにはレジスタ Q に商が格納されている．また，R は剰余を格納するための 32 ビットのレジスタである．制御回路は繰返し回数をカウントするための 5 ビットのカウンタをもっている．

被除数の一部と除数を比較するためには，被除数の該当部分から除数を減じて，結果が正または 0 になるかどうかを調べればよい．この場合，結果が正または 0 であれば，減算結果をレジスタ R に格納する．また，結果が負であれば，減算を行う前の値をレジスタ R に格納する．

この減算方法は一般に引き戻し法と呼ばれているが，これは，比較のために減算（「引き」算）を行い，結果が負になった場合に減算前の値に「戻す」ためである．

減算前の値に戻すためには，減算結果に除数を加え直すか，減算する前の値を用いるかのいずれかの方法を採用することになる．前者の方法は，ハードウェア量の増加と遅延時間の増加，もしくは実行サイクル数の増加を招いてしまうという問題がある．

この節で紹介したのは後者の方法で，2 対 1 のマルチプレクサを用いて減算前の値をレジスタ R に格納している．この方法では，マルチプレクサの分だけハードウェア量が増加し，クロック遅延時間が若干増えるが，前者の方法よりも優れている．

引き戻し法にもとづく除算器は次のようにして除算を実行する．以下の記述で W は，減算結果を表す33ビットの2進数である．$W[32]$ は，減算結果の桁借りに対応している．

【引き戻し法にもとづく除算アルゴリズム】

Step 1【初期化】
レジスタ Q およびレジスタ Y に，被除数および除数をそれぞれ格納する．レジスタ R を0にリセットする．制御回路中のカウンタの値を31に初期化する．

Step 2【減算とシフト】
$W \Leftarrow R[30..0]\&Q[31] - Y$ とする．
(1) 減算結果が正または0（非負）（$W[32]=0$）の場合には，$R \Leftarrow W[31..0]$, $Q \Leftarrow Q[30..0]\&1$ とする．
(2) そうでなければ，$R \Leftarrow R[30..0]\&Q[31]$, $Q \Leftarrow Q[30..0]\&0$ とする．

Step 3【終了判定と剰余の補正】
(1) カウンタの値が0であれば演算は終了．商および剰余はそれぞれ，レジスタ Q およびレジスタ R に格納されている．
(2) カウンタの値が0でなければ，カウンタの値を1減じて Step 2 へ．

【アルゴリズムの記述終了】

14・9 引き放し法にもとづく除算器

引き戻し法では，二つの数値を比較するために減算を実行し，その結果が負であった場合には，減算を実行する前の値を被除数に格納し直していた．この方法では，減算器の他に n ビットの2対1マルチプレクサが必要になり，ハードウェア量の増加と遅延時間の増加（動作周波数の低下）を招いてしまう．

この節で紹介する方法は，減算結果が負になった場合に，すぐに被除数を減算

14 章 ■ 乗算器と除算器

前の値に復元せず，次の桁での処理の際に被除数を補正する方法である．そのために，この方法では減算器の代わりに加減算器を用いる．引き放し法による除算の実行例を図 14·9 に示す．

$$1101 \div 11 = 100 \cdots 1$$

```
                    0 1 0 0      q=0100
    0 0 1 1 ) 0 0 0 0 1 1 0 1
            -     0 0 1 1
              1 1 1 1 0 1       q(3)=0
            +     0 0 1 1
              0 0 0 0 0 0       q(2)=1
            -     0 0 1 1
              1 1 1 0 1 1       q(1)=0
            +     0 0 1 1
              1 1 1 1 0         q(0)=0
            +     0 0 1 1
              0 0 0 0 1         r=0001
```

図 14·9　引き放し法にもとづく除算の実行例

引き放し法にもとづく除算器のブロック図を図 14·10 に示す．この除算器は 32 ビットの被除数を 32 ビットの除数で除算を行い，32 ビットの商と 32 ビットの剰余を計算する．

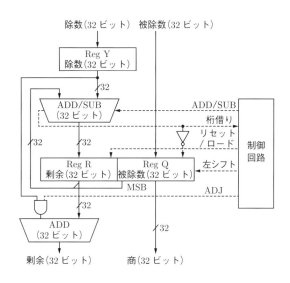

図 14·10　引き放し法にもとづく逐次形除算器のブロック図

図 14·10 の除算器は次のようにして除算を実行する．

【引き放し法にもとづく除算アルゴリズム】

Step 1【初期化】
レジスタ Q およびレジスタ Y に，被除数および除数をそれぞれ格納する．
レジスタ R および B を 0 にリセットする．
制御回路中のカウンタの値を 31 に初期化する．

Step 2【減算または加算】
(1) $B = 0$ の場合には，$W \Leftarrow R[30 .. 0]\&Q[31] - Y$ とする．
(2) $B = 1$ の場合には，$W \Leftarrow R[30 .. 0]\&Q[31] + Y$ とする．

Step 3【シフト】
$B \Leftarrow W[32], R \Leftarrow W[31 .. 0], Q \Leftarrow Q[30 .. 0]\&\overline{W[32]}$ とする．

Step 4【終了判定】
(1) カウンタの値が 0 であれば演算は終了．$B = 1$ であれば，$R \Leftarrow R + Y$ とする．
　　商および剰余はそれぞれ，レジスタ Q およびレジスタ R に格納されている．
(2) カウンタの値が 0 でなければ，カウンタの値を 1 減じて Step 2 へ．

【アルゴリズムの記述終了】

　このアルゴリズムで W は，減算または加算結果を表す 33 ビットの 2 進数である．$W[32]$ は，減算結果の桁上げもしくは桁借りに対応している．
　また，この方法では，直前の繰り返しでの減算で発生した桁借りの値を記憶しておき，桁借りが生じていた場合には，現在の桁で被除数の補正を行う．直前の桁で発生した桁借りの値を記憶する 1 ビットのレジスタを B（Borrow の意味）とする．$B = 0$ は，前回の加減算の結果が正または 0（非負）であったことを表し，$B = 1$ は，前回の加減算の結果が負であったことを表している．
　引き放し法にもとづく除算アルゴリズムでは，前回の加減算の結果が負であっ

た場合（$B=0$）には，被除数から除数を減算せず，加算を行う．これは次の原理による．

被除数は1ビットずつシフトされながら加減算が行われているので，もし直前の繰返しで減算結果が負になったとすると，現在の繰返しの時点では，$Y \times 2$ だけ引きすぎている．現在の繰返しの際に，Y を減算する代わりに Y を加算すれば，剰余の値はあるべき値から $-Y \times 2 + Y = -Y$ だけ変化している．すなわち，直前の繰返しで引きすぎた値を加え戻して，現在の繰返しで減算を行ったのと同じ結果になる．

このようにして被除数に補正を加えた結果，被除数が依然として負であった場合には，次回の繰返しで同様の補正を行う．ただし，最終回の加減算の結果が負であった場合には R に Y の値を加算し直して処理を終了する．

14・10 引き放し法にもとづくアレイ形除算器

引き放し法にもとづくアレイ形除算器は次のようにして構成できる．まず，先に述べた逐次形除算器の加減算処理と繰り返し終了後の補正処理をそれぞれ個別のハードウェアモジュールとして設計する．次に，これらのモジュールを組み合わせて必要な配線を行えばよい．

加減算モジュールおよび出力補正モジュールの構成方法を図 14・11 および図 14・12 にそれぞれ示す．また，これらのモジュールを用いて，アレイ形除算器を構成する方法を図 14・13 に示す．

図 14・11 で，入力 Q_i の最上位ビットが入力 R_i の下位 31 ビットの下位に連接

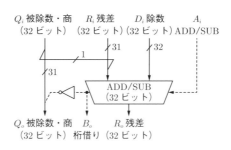

図 14・11　引き放し法にもとづくアレイ形除算器の加減算モジュール

14・10 引き放し法にもとづくアレイ形除算器

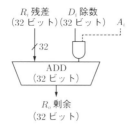

図 14・12 引き放し法にもとづくアレイ形除算器の出力補正モジュール

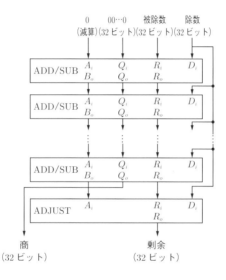

図 14・13 引き放し法にもとづくアレイ形除算器のブロック図

されている．この配線によって，図 14·10 の加減算器の左側の入力となるレジスタ R の下位 31 ビットの下位にレジスタ Q の最上位ビットを連接する処理が実行される．また，Q_i の下位 31 ビットの下位に加減算器からの桁上げ/桁借り信号の否定が連接されている．この配線によって，図 14·10 でのレジスタ R および Q の左 1 ビットシフトと等価な処理が実行される．

このようにして構成されたアレイ形除算器は，遅延時間が長いので高速のクロックでは動作させられないが，十分に低速のクロックを用いれば 1 サイクルで除算が完了する．この除算器を高速なクロックで動作させたい場合には，図 14·13 の

14·11 符号付き数の除算

最初に述べたように，被除数 X, 除数 $Y(\neq 0)$, 商 Q および剰余 R の間には次の関係が成立する．

$$X = Y \times Q + R \tag{14·16}$$

X および Y がともに正の数であれば，Q および R は一意に決まる．X および Y の一方または両方が負の数であった場合，剰余の定義には例えば次のようなバリエーションがある．

(1) 剰余の符号を被除数の符号と一致させる
(2) 剰余の符号を除数の符号と一致させる
(3) 剰余の符号が正になるようにする
(4) 剰余の絶対値が 0 に近い方を採用する（近接まるめ）

プログラミング言語によって，これらのバリエーションのどれを採用するかが異なっている．例えば，最新の C 言語，C++ 言語など多くの言語の規格では，(1) の方法を採用している．Ada 言語およびハードウェア記述言語 VHDL では，剰余演算子として rem および mod の 2 種類をもっており，rem は (1) の方法で，mod は (2) の方法で演算を行うことになっている．以下では，最も一般的に用いられている (1) の方法を採用する．

【符号付き 2 進数の除算アルゴリズム】

Step 1
被除数および除数の絶対値を用いて除算を実行して商と剰余を求める．

Step 2
被除数と除数の符号が同じである場合には商の符号は正,そうでない場合には商の符号は負である.

Step 3
剰余 R を $X - Y \times Q$ とする.

【アルゴリズムの記述終了】

この方法で除算を行うと,剰余の符号は被除数の符号と同一になる.符号付き除算の例を表 14·1 に示す.

表 14·1	符号付き数の除算結果の例		
被除数	除数	商	剰余
23	5	4	3
23	-5	-4	3
-23	5	-4	-3
-23	-5	4	-3

1 表 14·2 および表 14·3 に示す 4 進数の加算表および乗算表を完成させよ.

表 14·2	4 進数の加算表			
$x \backslash y$	0	1	2	3
0				
1				
2				
3				

14 章 乗算器と除算器

| 表 14・3 | 4進数の乗算表 |

$x \setminus y$	0	1	2	3
0				
1				
2				
3				

2 非負の4進数1桁は2桁の2進数で表現できる．4進数 $X = (x_1, x_0)$ および $Y = (y_1, y_0)$ の和は最大で2桁の4進数になる．X と Y の和を $Z = (z_3, z_2, z_1, z_0)$ とする．z_3, z_2, z_1, z_0 を x_1, x_0, y_1, y_0 を変数とする最も簡単な論理関数で表現せよ

3 非負の4進数1桁は2桁の2進数で表現できる．4進数 $X = (x_1, x_0)$ および $Y = (y_1, y_0)$ の積は最大で2桁の4進数になる．X と Y の積を $Z = (z_3, z_2, z_1, z_0)$ とする．z_3, z_2, z_1, z_0 を x_1, x_0, y_1, y_0 を変数とする最も簡単な論理関数で表現せよ

4 次の10進数の組は被乗数および乗数を表している．これらの数値を8ビットの符号付き固定小数点形式で表現し，演算桁数を下位から8ビットに限定して乗算を行い，正しい結果が得られることを確認せよ．

(1) 3, 5
(2) 3, −5
(3) −3, 5
(4) −3, −5

15章 ICを用いた順序回路の実現

本章では，メモリやレジスタ，加減算器，比較回路などの機能モジュールを組み合わせて，簡単な電卓や自動販売機の制御部の回路を同期式順序回路としてどのように設計するかについて説明する．

15・1 簡単な電卓の設計

以下では，レジスタや加減算器，比較回路などの機能モジュールを組み合わせて，同期式順序回路をどのように設計するかについて述べる．簡単な電卓の設計を例に説明を行う．説明を簡単にするため，ここでの電卓は加算のみを考え，LEDに表示される電卓の値を保持するレジスタ R と加算の途中結果を保存する補助レジスタ（メモリ）M が用意されている．ボタンとして $\boxed{C}$, $\boxed{+}$, $\boxed{=}$, $\boxed{0}$,..., $\boxed{9}$ があり，クリアボタン $\boxed{C}$ はレジスタ R の値（電卓の LED 表示）を 0 にするボタンであり，$\boxed{+}$, $\boxed{=}$ はそれぞれ加算と合計を計算するボタンである．

$\boxed{1}$, $\boxed{2}$, $\boxed{3}$, $\boxed{+}$, $\boxed{4}$, $\boxed{5}$, $\boxed{+}$, $\boxed{1}$, $\boxed{0}$, $\boxed{=}$ がこの順に押されると，レジスタ R の値（電卓の LED 表示）が図 15・1 のように変化する．数字のボタン $\boxed{1}$, $\boxed{2}$, $\boxed{3}$ が連続して押されたときに，レジスタ R の値（電卓の LED 表示）を 1, 12, 123 のように変化させるには，現在の電卓の値が v で数字のボタン $\boxed{n}$ が押されたとき

	1	2	3	+	4	5	+	1	0	=
レジスタ R	1	12	123	123	4	45	168	1	10	178
メモリ M	0	0	0	123	123	123	168	168	168	178

	1	2	3	+	+	1	0	=	=
レジスタ R	1	12	123	123	246	1	10	256	512
メモリ M	0	0	0	123	246	246	246	256	512

図 15・1 電卓の LED 表示

に，レジスタ R の値を $(10*v+n)$ に置き換える必要がある．また，$\boxed{+}$ や $\boxed{=}$ のボタンが押されるごとに，その時点のレジスタ R の値がレジスタ M に加算されると同時に，加算された値がレジスタ R にも代入され，電卓の LED に加算結果が表示される．$\boxed{1}$, $\boxed{2}$, $\boxed{3}$, $\boxed{+}$, $\boxed{+}$, $\boxed{1}$, $\boxed{0}$, $\boxed{=}$, $\boxed{=}$ のように，$\boxed{+}$ や $\boxed{=}$ のボタンが連続して押された場合の電卓の LED 表示については電卓ごとに差異がある．本章では簡単のため図 15·1 に示すように，$\boxed{+}$ や $\boxed{=}$ のボタンが押されるごとに，レジスタ R の値がレジスタ M に加算されると同時に，加算された値がレジスタ R にも代入され，電卓の LED に加算結果が表示されるものとする．

このような電卓をレジスタや加減算器，比較回路などの機能モジュールを用いて次のような手順で設計する．

〔1〕設計の手順

次のような手順で同期式順序回路を設計する．

i) **回路構成と使用部品の概略設計**：まず最初に実現したい同期式順序回路の回路構成と回路で利用する部品の概略設計を行う．

ii) **動作アルゴリズムの詳細設計**：次に，上記 i) で概略設計した回路や使用部品を用いて，与えられた問題の動作アルゴリズムの詳細設計を行う．場合によっては，考案した動作アルゴリズムで不足する部品を追加したり，回路構成を修正する．

iii) **回路で利用する部品の動作仕様の決定**：上記 ii) で定めた動作アルゴリズムの実現に必要な各部品の動作仕様（制御信号の値とその動作）を決定する．

iv) **同期式順序回路としての実現**：考案した動作アルゴリズムどおりに動作する同期式順序回路を設計し，設計した回路の各部品の制御信号の値を指定する．

同期式順序回路としての実現方法には，**Moore 型順序回路**として実現する方法と，**マイクロプログラム方式**で実現する方法の二つがある．以下，順に設計の手順の詳細を説明する．

〔2〕回路構成と使用部品の動作仕様の設計

（a）回路構成の設計

まず最初に実現したい同期式順序回路の回路構成と動作アルゴリズムを設計する．例として，図 15·2 のような電卓の回路構成を考える．

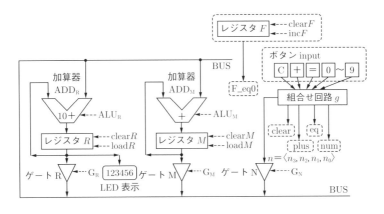

図 15・2 電卓の回路構成

この回路では，電卓の値（LED 表示）をレジスタ R で保持し，途中結果をレジスタ M で保存する．数字のボタン $\boxed{0}$, ..., $\boxed{9}$ が押されると，組合せ論理回路 g を介して，押された数字（入力）n の 2 進数 $n = <n_3, n_2, n_1, n_0>$ がゲート N に送られる．入力 n やレジスタ間のデータの転送は，バス（BUS）と呼ばれる共通の経路を介して行われる．ゲート R，ゲート M，ゲート N の制御信号 G_R, G_M, G_N の値を排他的に 1 にすることで，レジスタ R，レジスタ M，入力 n のいずれかの値がバス（BUS）に送出される（三つのゲート出力のうち一つの出力をバス（BUS）に送出する仕組みは 10・7 節で述べたマルチプレクサを用いることで実現可能である）．これらの値は二つの加算器 ADD_R, ADD_M の入力として利用される．加算器 ADD_R は $(10 * R + n)$ の値を計算する組合せ論理回路であり，加算器 ADD_M は $(M + R)$ の値を計算する組合せ論理回路である．レジスタ F は何個の数字が連続して入力されたかを表すレジスタで，初期値は 0，数字が入力されるごとに 1 ずつその値が増加する．

本章では，IC を用いた順序回路の実現法の概略を理解できるようにするため回路を簡単化し，実現する回路の細部については説明を省略する．このため，オーバフローなどのエラー表示は省略し，2 進数で保持されているレジスタ R の値をどのように 10 進数で LED 表示させるのかの仕組みについても説明を省略する．一般の電卓では，9 章で説明した 4 ビットの 2 進数で 10 進数 1 桁の数字を表す 2 進化 10 進数を用いて電卓の数字を表し，2 進化 10 進数のままで加減算を実現す

る場合もある．さらに，通常 $\boxed{C}$, $\boxed{+}$, $\boxed{=}$, $\boxed{0}$, ..., $\boxed{9}$ のボタンが長押しされると，数クロックに渡り同じボタン信号が入力され続ける可能性があるが，本章ではこれらのボタンが押された場合，ボタンが押されている間のあるクロックに1回だけボタン信号が入力されるような制御回路が組み込まれているものとする．

例題 15・1

図 15·2 の加算器 ADD_R は $(10*R+n)$ の値を計算する組合せ論理回路である．いま $Add_k(x, y)$ を k ビットの2進数 $x = (x_{k-1}, \ldots, x_1, x_0)$, $y = (y_{k-1}, \ldots, y_1, y_0)$ の和 $x+y$ を計算する組合せ論理回路とする（x_0, y_0 が最下位ビット）．$Add_k(x, y)$ を組み合わせて，$(10*R+n)$ の値を計算する組合せ論理回路 $ADD_R(R, n) = 10*R+n$ を実現せよ．ただし，$R = (R_{k-1}, \ldots, R_1, R_0)$, $n = (n_{k-1}, \ldots, n_1, n_0)$ とし（R_0, n_0 が最下位ビット），$10*R+n$ の値も k ビットで表せるものとする（桁あふれは生じないものとする）．

■答え

$$ADD_R(R, n) = Add_k(Add_k(8*R, 2*R), n)$$
$$= Add_k(Add_k((R_{k-4}, \ldots, R_0, 0, 0, 0), (R_{k-2}, \ldots, R_0, 0)),$$
$$(n_{k-1}, \ldots, n_1, n_0))$$

すなわち，$R = (R_{k-1}, \ldots, R_1, R_0)$ を3ビット左にシフトした値 $(8*R)$ と R を1ビット左にシフトした値 $(2*R)$ を加算し，それらの和と n を加算することで，$ADD_R(R, n) = 10*R+n$ が実現できる．

（b）使用部品の動作仕様の設計

次に図 15·2 の回路で使われている部品の動作仕様，すなわち，部品の動作と制御信号の関係を定義する．図 15·2 では，各部品の制御信号は点線の矢印で表示されている．例えば，レジスタ R は $clear_R$ 信号を1にすることで R の値が0になり，$load_R$ 信号を1にすることで外部入力（加算器 ADD_R の出力）が R にセットされるものとする．本章の電卓回路で使用する部品の動作仕様は下記のとおり．なお，下記の (a)〜(d) の説明で表示されていない制御信号の値はすべて0であると仮定する．

使用部品の動作仕様

(a) レジスタ R
 - $clear_R = 1, load_R = 0$ のとき，レジスタ R の値を 0 にする（$R \leftarrow 0$）．
 - $clear_R = 0, load_R = 1, ALU_R = 0, G_M = 1$ のとき，レジスタ M の値をレジスタ R に転送する（$R \leftarrow M$）．
 - $clear_R = 0, load_R = 1, ALU_R = 0, G_N = 1$ のとき，入力 N の値をレジスタ R に転送する（$R \leftarrow N$）．
 - $clear_R = 0, load_R = 1, ALU_R = 1, G_N = 1$ のとき，$10 * R + n$ の値をレジスタ R に代入する（$R \leftarrow 10 * R + n$）．

(b) レジスタ M
 - $clear_M = 1, load_M = 0$ のとき，レジスタ M の値を 0 にする（$M \leftarrow 0$）．
 - $clear_M = 0, load_M = 1, ALU_M = 1, G_R = 1$ のとき，$M + R$ の値をレジスタ M に転送する（$M \leftarrow M + R$）．

(c) レジスタ F
 - $clear_F = 1, inc_F = 0$ のとき，レジスタ F の値を 0 にする（$F \leftarrow 0$）．
 - $clear_F = 0, inc_F = 1$ のとき，レジスタ F の値を 1 増やす（$F \leftarrow F + 1$）．
 - レジスタ F の値が 0 のとき，F_eq0 信号の値が 1 になる（$F = 0$）．

(d) 組合せ回路 g：ボタン $\boxed{C}$, $\boxed{+}$, $\boxed{=}$, $\boxed{0}$, ..., $\boxed{9}$ の入力を $input$ とすると，
 - $input = \boxed{C}$ のとき，回路 g の出力信号 $clear$ の値が 1 になる（$clear = 1$）．
 - $input = \boxed{+}$ のとき，回路 g の出力信号 $plus$ の値が 1 になる（$plus = 1$）．
 - $input = \boxed{=}$ のとき，回路 g の出力信号 eq の値が 1 になる（$eq = 1$）．
 - $input = \boxed{0}$, ..., $\boxed{9}$ のいずれかのとき，回路 g の出力信号 num の値が 1 になり（$num = 1$），押された数字（入力）n の 2 進数 $n = <n_3, n_2, n_1, n_0>$ がゲート N に送られる．

図 15·2 では，回路の各部品から出力される値（組合せ論理回路 g の出力 $clear, plus, eq, num$ およびレジスタ F の値が 0 であることを表す F_eq0 信号）を点線の四角で囲んでいる．

例題 15·2

組合せ論理回路 g の出力 $clear, plus, eq, num$ および $n = <n_3, n_2, n_1, n_0>$ の n_3, n_2, n_1, n_0 を，それぞれボタン $\boxed{C}$, $\boxed{+}$, $\boxed{=}$, $\boxed{0}$, ..., $\boxed{9}$ を引数とする論理関

数で表せ．

■**答え**

$clear = \boxed{\text{C}}$

$plus = \boxed{+}$

$eq = \boxed{=}$

$num = \boxed{0} \vee, \ldots, \vee \boxed{9}$

$n_3 = \boxed{8} \vee \boxed{9}$

$n_2 = \boxed{4} \vee \boxed{5} \vee \boxed{6} \vee \boxed{7}$

$n_1 = \boxed{2} \vee \boxed{3} \vee \boxed{6} \vee \boxed{7}$

$n_0 = \boxed{1} \vee \boxed{3} \vee \boxed{5} \vee \boxed{7} \vee \boxed{9}$

・・

〔3〕電卓の動作アルゴリズム

次に，図 15·2 の回路構成や上述の部品の動作仕様をもとに，電卓の動作アルゴリズムのフローチャートを図 15·3 のように作成する．

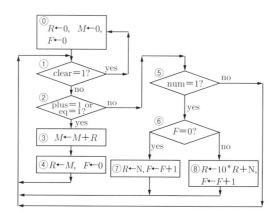

図 15・3 電卓の動作アルゴリズム

フローチャートはソフトウェアのフローチャートと類似しており，図 15·3 の ⓪〜⑧ のように条件分岐（図中の ◇）と処理（図中の ▭）を組み合わせて記述する．フローチャートの条件分岐（図中の ◇）には，"$clear = 1?$" や "$plus = 1$ or

$eq=1?$", "$F=0?$" のような条件文を記述し，処理（図中の▭）には，"$R \leftarrow 0$"，
"$R \leftarrow M$"，"$M \leftarrow M+R$" のような代入文を記述する．図 15·2 の回路構成にお
いて，同時に実行可能な代入文については，同じ処理中（図中の▭）に複数の代
入文を記述してよい．これらの代入文は同時に実行される．ただし，BUS につな
がっている複数のレジスタを同時に使用することはできないので，その場合は同
じ処理中（図中の▭）に記述することはできない．ソフトウェアのフローチャー
トでは複雑な関数の代入文などが記述できるが，ここでのフローチャートは部品
の動作仕様で定義された代入文や条件文のみが記述可能である．

15·2 Moore 型順序回路としての実現

図 15·3 のフローチャートの ⓪〜⑧ の ◇ や ▭ をそれぞれ同期式順序回路の状態
と考えると，上の回路は図 15·4 のようなクロックを入力として各部品の制御信号
を出力とする Moore 型の同期式順序回路とみなすことができる．ただしここでの
状態は，⓪〜⑧ の九つの状態と，レジスタ R, M, F，ならびに，電卓のどのボタ
ンが押されたかを表す組合せ論理回路 $g(input)$ の出力群の組である．

図 15·4 Moore 型の同期式順序回路としての実現

⓪〜⑧の九つの状態を区別するには，四つのフリップフロップ d_3, d_2, d_1, d_0 を
用いればよい．各クロック入力に対して，次の状態 $d_3^+, d_2^+, d_1^+, d_0^+$ の値は 11 章
で説明した Moore 型同期式順序回路の状態の実装法を用いて実現できる．一
方，レジスタ R, M, F の値は，R, M, F の各制御信号（$clear_R, load_R, ALU_R$,
$clear_M, load_M, ALU_M, clear_F, inc_F, G_R, G_M, G_N$）の値を 0 または 1 に設定する
ことにより更新していくことができる．これらのレジスタの制御信号の値が図 15·4
の Moore 型同期式順序回路の出力となる．制御信号の値を定める出力は複数個あ

るので，図 15·4 の Moore 型同期式順序回路の出力は多出力回路になる．

> **例題 15・3**

四つのフリップフロップの次の状態 $\hat{d}^+ = (d_3^+, d_2^+, d_1^+, d_0^+)$ の値を各フリップフロップの現在の値 $\hat{d} = (d_3, d_2, d_1, d_0)$ およびレジスタ F の値，組合せ論理回路 $g(input)$ の出力群 $clear, plus, eq, num$ を引数とする論理関数で表せ．

■答え

図 15·3 のフローチャートの状態①が代入文で，状態①に遷移する場合

$\hat{d}^+ = $ if $(\hat{d} = ①)$ then ①

となる．同様に，状態①が条件文で，条件文 C が真の場合に状態①に遷移し，偽の場合に状態⑭に遷移する場合

$\hat{d}^+ = $ if $(\hat{d} = ① \land C)$ then ① else if $(\hat{d} = ① \land \neg(C))$ then ⑭

となる．図 15·3 のフローチャートの 9 つの状態をすべて考慮すると，四つのフリップフロップの次の状態 $\hat{d}^+ = (d_3^+, d_2^+, d_1^+, d_0^+)$ の値は次のようになる．

$\hat{d}^+ = $ if $(\hat{d} = ⓪)$ then ①

else if $(\hat{d} = ①) \land (clear = 1)$ then ⓪

else if $(\hat{d} = ①) \land \neg(clear = 1)$ then ②

else if $(\hat{d} = ②) \land (plus = 1 \lor eq = 1)$ then ③

else if $(\hat{d} = ②) \land \neg(plus = 1 \lor eq = 1)$ then ⑤

else if $(\hat{d} = ③)$ then ④

else if $(\hat{d} = ④)$ then ①

else if $(\hat{d} = ⑤) \land (num = 1)$ then ⑥

else if $(\hat{d} = ⑤) \land \neg(num = 1)$ then ①

else if $(\hat{d} = ⑥) \land (F = 0)$ then ⑦

else if $(\hat{d} = ⑥) \land \neg(F = 0)$ then ⑧

else if $(\hat{d} = ⑦)$ then ①

else ① $(*\hat{d} = ⑧ に相当*)$

15・2 Moore 型順序回路としての実現

$\hat{d^+} = (d_3^+, d_2^+, d_1^+, d_0^+)$ の値が 1 になる条件を集約すると

$$d_3^+ = (\hat{d^+} = ⑧)$$
$$= (\hat{d} = ⑥) \wedge \neg(F = 0)$$
$$= ((\neg(d_3) \wedge d_2 \wedge d_1 \wedge \neg(d_0)) \wedge \neg(F = 0)$$
$$d_2^+ = (\hat{d^+} = ④) \vee (\hat{d^+} = ⑤) \vee (\hat{d^+} = ⑥) \vee (\hat{d^+} = ⑦)$$
$$= \cdots\cdots$$
$$= ((\neg(d_3) \wedge \neg(d_2) \wedge d_1 \wedge \neg(d_0)) \wedge \neg(plus = 1 \wedge eq = 1))$$
$$\vee ((\neg(d_3) \wedge \neg(d_2) \wedge d_1 \wedge d_0))$$
$$\vee ((\neg(d_3) \wedge d_2 \wedge \neg(d_1) \wedge d_0) \wedge (num = 1))$$
$$\vee ((\neg(d_3) \wedge d_2 \wedge d_1 \wedge \neg(d_0)) \wedge (F = 0)))$$

d_1^+, d_0^+ の論理式も同様に求めることができる.四つのフリップフロップの次の状態 $\hat{d^+} = (d_3^+, d_2^+, d_1^+, d_0^+)$ を D フリップフロップを用いて実現する場合,上記の $d_3^+, d_2^+, d_1^+, d_0^+$ の論理式をそれぞれの D フリップフロップの入力として与えることで,与えられた状態遷移を実現できる.

....

次に,各部品の制御信号 ($clear_R, load_R, ALU_R, clear_M, load_M, ALU_M, clear_F, inc_F, G_R, G_M, G_N$) の値をどのように求めるかを説明する.

図 15・3 の電卓の動作アルゴリズムのフローチャートにおいて,$clear_R$ を 1 にする必要があるのはレジスタ R の値を 0 にする ($R \leftarrow 0$) 処理(図 15・3 中の☐)であるので,それらはフローチャートの⓪に相当する.このため

$$clear_R = (\neg(d_3) \wedge \neg(d_2) \wedge \neg(d_1) \wedge \neg(d_0))$$

と表すことができる.同様に,レジスタ M に代入操作が行われるのは,フローチャートの③であり,$ALU_R = 1$ となるのは $R \leftarrow 10 * R + N$ が実行される⑧に相当するので

$$load_M = (\neg(d_3) \wedge \neg(d_2) \wedge d_1 \wedge d_0)$$
$$ALU_M = (d_3 \wedge \neg(d_2) \wedge \neg(d_1) \wedge \neg(d_0))$$

と表すことができる.さらに,$clear_F, inc_F$ もそれぞれフローチャートの (⓪, ④) と (⑦, ⑧) に相当するので

$$clear_F = (\neg(d_3) \wedge \neg(d_2) \wedge \neg(d_1) \wedge \neg(d_0)) \vee (\neg(d_3) \wedge d_2 \wedge \neg(d_1) \wedge \neg(d_0))$$
$$inc_F = (\neg(d_3) \wedge d_2 \wedge d_1 \wedge d_0) \vee (d_3 \wedge \neg(d_2) \wedge \neg(d_1) \wedge \neg(d_0))$$

と表すことができる.三つのゲート(ゲート R,ゲート M,ゲート N)を 1 にするのは,フローチャートの代入文の右辺に R, M, N の値が使われる場合に限るので,それぞれ次のように表すことができる.

$$G_R = (\neg(d_3) \wedge \neg(d_2) \wedge d_1 \wedge d_0) \qquad\qquad (*③*)$$
$$G_M = (\neg(d_3) \wedge \neg(d_2) \wedge d_1 \wedge d_0) \vee (\neg(d_3) \wedge d_2 \wedge \neg(d_1) \wedge \neg(d_0)) \quad (*③,④*)$$
$$G_N = (\neg(d_3) \wedge d_2 \wedge d_1 \wedge d_0) \vee (d_3 \wedge \neg(d_2) \wedge \neg(d_1) \wedge \neg(d_0)) \qquad (*⑦,⑧*)$$

各部品の制御信号($clear_R, load_R, ALU_R, clear_M, load_M, ALU_M, clear_F, inc_F, G_R, G_M, G_N$)に上記の論理式を与えることで,フローチャートの⓪〜⑧の九つの状態でそれぞれの処理に必要なゲートがオープンされ,ALU の演算内容に従った値がレジスタ R, M に代入され,レジスタ F の値が変化することになる.

15・3 マイクロプログラム方式による実現

　前節の方法は,11 章で述べた方法に基づき,回路全体を Moore 型の同期式順序回路として実現している.これらの方法は汎用性が高く,電卓以外にもさまざまな回路を実現することができる.一方,フローチャートの状態数が多くなると,⓪〜⑧のような状態を記憶するために多くのフリップフロップが必要になる.また,それらのフリップフロップの入力論理式も複雑になってくる.さらに,回路が複雑になると,制御信号の数も多くなり,それらの入力論理式もより複雑になってくる.そこで,以下ではより簡単な方法として,上記の Moore 型順序回路をマイクロプログラム方式で実現する方法を紹介する.

　マイクロプログラム方式では,順序回路の⓪〜⑧の九つの状態を区別するため,図 15·5 に示すような**状態レジスタ**(state register),あるいは**マイクロプログラムカウンタ**(μPC)と呼ばれるレジスタを用いる.マイクロプログラムカウンタは Moore 型順序回路として実現する場合と同様に,九つの状態を区

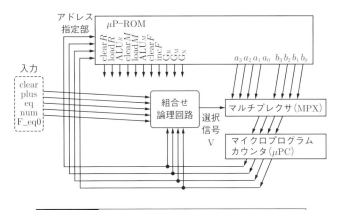

図 15・5 マイクロプログラム方式の制御部の回路構成

別するため，4 ビットのレジスタを用い，$\mu\text{PC}=(d_3, d_2, d_1, d_0)$ と表記する．すなわち，μPC の値が k なら，状態はⓀである．図 15・5 に示すように，この μPC の値は**マイクロプログラム**と呼ばれる制御信号などのデータが格納されている ROM（以下，μP-ROM と表記する）のアドレスを指定するために用いられる．μP-ROM の各番地 k には，状態Ⓚの処理を実現するためのレジスタ R, M, F，加算器 ADD_R, ADD_M，ゲート G_R, G_M, G_N などの部品に対する制御信号の値と，この状態の処理が終わった際の次の遷移先の状態が書かれており，これらを**マイクロ命令**と呼び，状態⓪〜⑧のマイクロ命令全体を**マイクロプログラム**と呼ぶ．

電卓回路の場合，これらのマイクロ命令は図 15・5 中の μP-ROM の 0 番地から 8 番地に格納される．マイクロ命令の内容は**図 15・6** のような 19 ビットで表される．各ます目には 0 または 1 が記入されている．ドントケアでよいビットは X 印を付加している．ここで，ビット 1〜ビット 11 が各部品の制御信号であり，ビット 12〜ビット 15 (a_3, a_2, a_1, a_0) とビット 16〜ビット 19 (b_3, b_2, b_1, b_0) が次の遷移先の状態を指定するためのアドレス指定である（a_0, b_0 が最下位ビットを表す）．

マルチプレクサ MPX は選択信号 V の値が 0 のとき (a_3, a_2, a_1, a_0) を出力し，V の値が 1 のとき (b_3, b_2, b_1, b_0) を出力する．ある状態からの遷移先が一つの場合は，V の値を 0 にして，ビット 12〜ビット 15 の (a_3, a_2, a_1, a_0) が遷移先として選ばれ，分岐がある場合は，選択信号 V の値を 0 または 1 にすることよって (a_3, a_2, a_1, a_0) または (b_3, b_2, b_1, b_0) のいずれか一方が次の遷移先の状態として選

ビット番号	1	2	3	4	5	6	7	8	9	10	11	12	13	14	15	16	17	18	19
マイクロ命令	clear$_R$	load$R$	ALU$_R$	clear$M$	load$M$	ALU$_M$	clear$F$	inc$F$	G$_R$	G$_M$	G$_N$	a_3	a_2	a_1	a_0	b_3	b_2	b_1	b_0
番地 0(⓪)	1	0	0	1	0	0	1	0	0	0	0	0	0	0	1	X	X	X	X
番地 1(①)	0	0	0	0	0	0	0	0	0	0	0	0	0	1	0	0	0	0	0
番地 2(②)	0	0	0	0	0	0	0	0	0	0	0	0	1	0	1	0	0	1	1
番地 3(③)	0	0	0	0	1	1	0	0	1	0	0	0	1	0	0	X	X	X	X
番地 4(④)	0	1	0	0	0	0	1	0	0	1	0	0	0	0	1	X	X	X	X
番地 5(⑤)	0	0	0	0	0	0	0	0	0	0	0	0	0	0	1	1	1	1	0
番地 6(⑥)	0	0	0	0	0	0	0	0	0	0	1	0	0	0	0	1	1	1	1
番地 7(⑦)	0	1	0	0	0	0	0	1	0	0	1	0	0	0	1	X	X	X	X
番地 8(⑧)	0	1	1	0	0	0	0	1	0	0	1	0	0	0	1	X	X	X	X

図 15・6 マイクロプログラムの内容

択され，マイクロプログラムカウンタ（μPC）に保持される．

図 15·3 の電卓の動作アルゴリズムのフローチャートの⓪ではレジスタ R, M, F の値を 0 にしているので，図 15·6 の 0 番地ではビット番号 1, 4, 7 の $clear_R, clear_M, clear_F$ 信号を 1 にし，次の遷移先の状態として 1 番地の 2 進数表現 $(0,0,0,1)$ をビット 12～ビット 15 の (a_3, a_2, a_1, a_0) に記載している．また，図 15·6 の 3 番地ではレジスタ M と R の和をレジスタ M に代入するため，ビット番号 5,6,9 の $load_M, ALU_M, G_R$ 信号を 1 にし，次の遷移先の状態として 4 番地の 2 進数表現 $(0,1,0,0)$ をビット 12～ビット 15 の (a_3, a_2, a_1, a_0) に記載している．図 15·3 では①，②，⑤，⑥の四つの分岐がある．これら四つの状態で条件が成立するときのみビット 16～ビット 19 の (b_3, b_2, b_1, b_0) が次の遷移先の状態に選ばれるように選択信号 V の値を定めている．このため，選択信号 V の値は次のような論理関数で指定される．ただし，μPC$=(d_3, d_2, d_1, d_0)$ とする．

$$V = ((d_3, d_2, d_1, d_0) = (0,0,0,1) \wedge (clear = 1))$$
$$\vee ((d_3, d_2, d_1, d_0) = (0,0,1,0) \wedge (plus = 1 \vee eq = 1))$$
$$\vee ((d_3, d_2, d_1, d_0) = (0,1,0,1) \wedge (num = 1))$$
$$\vee ((d_3, d_2, d_1, d_0) = (0,1,1,0) \wedge (F = 0))$$
$$= ((\overline{d}_3 \cdot \overline{d}_2 \cdot \overline{d}_1 \cdot d_0) \wedge clear) \vee ((\overline{d}_3 \cdot \overline{d}_2 \cdot d_1 \cdot \overline{d}_0) \wedge (plus \vee eq))$$
$$\vee ((\overline{d}_3 \cdot d_2 \cdot \overline{d}_1 \cdot d_0) \wedge num) \vee ((\overline{d}_3 \cdot d_2 \cdot d_1 \cdot \overline{d}_0) \wedge F\_eq0)$$

15・4 簡単な自動販売機の制御部の設計

以下では，図 15・7 のような回路を用いて自動販売機の制御を行う回路を同期式順序回路として実現する方法を述べる．

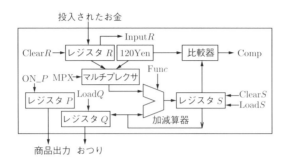

図 15・7　自動販売機の制御を行う同期式順序回路

図 15・7 の回路では，外部からお金が投入されるとその金額が自動的にレジスタ R に格納され，$InputR$ 信号が ON になる．レジスタ R の値は $ClearR$ 信号を ON にすると 0 にリセットされ，新たなお金が投入されるまで $InputR$ 信号も OFF になる（$InputR$ 信号が ON の間は次のお金が投入できないようになっているものとする）．投入されたお金は順次レジスタ S に加算していくものとし，商品の料金（120円）以上お金が投入されると比較器の出力 Comp が ON になる．Comp が ON になると，おつりを計算して釣り銭額をレジスタ Q に格納し，商品出力を指示するためにレジスタ P の値を ON にセットする．簡単のため，商品が出力されると自動的にレジスタ Q の値が 0 に，レジスタ P の値が OFF にリセットされるものとする．自動販売機はこれらの操作を繰り返し行うものとする．

例題 15・4

図 15・7 の各部品は図 15・8 のように動作するものと仮定して，この自動販売機の制御部の動作アルゴリズムのフローチャートを作成せよ．

15章 ICを用いた順序回路の実現

(イ) Clear$R$=1のとき　　Rの値を0にし，Input$R$信号をOFFにする（$R \leftarrow 0$と書く）
　　　Clear$R$=0のとき　　お金が投入されない限りRの値は不変，お金が投入されると投入されたお金がRにセットされ，Input$R$信号がONとなる（Input$R$信号がONかどうかのチェックは(Input$R$=ON)？と書く）．

(ロ) MPX=1のとき　　レジスタRの値がマルチプレクサから出力される．
　　　MPX=0のとき　　商品価格（120円）がマルチプレクサから出力される．

(ハ) Func=1, Load$S$=1, Clear$S$=0のとき　　$S+R$または$S+120$の値をSに代入する
　　　　　　　　　　　　　　　　　　　　　　　　　　　　　（$S \leftarrow S+R$または$S \leftarrow S+120$と書く）
　　　Func=0, Load$S$=1, Clear$S$=0のとき　　$S-R$または$S-120$の値をSに代入する
　　　　　　　　　　　　　　　　　　　　　　　　　　　　　（$S \leftarrow S-R$または$S \leftarrow S-120$と書く）
　　　Load$S$=0, Clear$S$=1のとき　　Sの値を0にする（$S \leftarrow 0$と書く）
　　　Load$S$=0, Clear$S$=0のとき　　Sの値は不変

(ニ) ON_P=1のとき　　Pの値をONにする（$P \leftarrow$ONと書く）
　　　ON_P=0のとき　　商品出力後，自動的にOFFになる

(ホ) Load$Q$=1のとき　　Sの値をQに代入する（$Q \leftarrow S$と書く）
　　　Load$Q$=0のとき　　商品出力後，自動的に0になる

(ヘ) $S \geqq 120$のときかつそのときのみComp信号がONになる
　　　　　　　　（Comp信号がONかどうかのチェックは$(S \geqq 120)$？と書く）．

図 15・8 自動販売機の各部品の動作仕様

■答え

図15・9に自動販売機の動作アルゴリズムのフローチャートの例を示す．

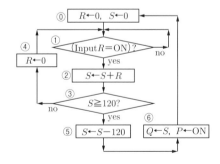

図 15・9 自動販売機の動作アルゴリズムのフローチャート

以下では，図15・7の順序回路の制御部をマイクロプログラム方式で実現することを考える．**図 15・10**に示すように，これらのマイクロプログラムは専用のROM

15・4 簡単な自動販売機の制御部の設計

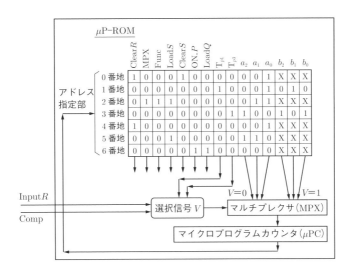

図 15・10 マイクロ命令のアドレスを決定する回路

(図 15·10 中の μP-ROM) の 0 番地から 6 番地に格納されているものとする．各番地のマイクロ命令は上記の例題で作成したフローチャートの各処理や条件分岐（⓪から⑥に相当）に対応する．例えば，フローチャートの⓪の代入文（$R \leftarrow 0, S \leftarrow 0$）を実行するため，図 15·10 のマイクロ命令では，ClearR 信号と ClearS 信号の値を 1 にセットしている．フローチャートの⓪の実行後の遷移先は①なので，図 15·10 のマイクロ命令では，a_2, a_1, a_0 に対応する遷移先番地の (0,0,1) が記載されている．

ここで，$a_2 a_1 a_0, b_2 b_1 b_0$ はそれぞれマイクロ命令のアドレスである（a_0, b_0 が最下位ビット）．マルチプレクサ MPX は選択信号 V の値が 0 のとき $a_2 a_1 a_0$ を出力し，V の値が 1 のとき $b_2 b_1 b_0$ を出力する．

選択信号 V の値は，図 15·10 中の

$$V = (T_{p_1} \cdot f_1(\text{Input}R, \text{Comp})) \vee (T_{p_3} \cdot f_3(\text{Input}R, \text{Comp}))$$

のように，マイクロ命令に特別な制御信号 T_{p_k}（k=1,3）を導入し，フローチャートの条件分岐①，③に相当するマイクロ命令の 1 番地，3 番地の制御信号 T_{p_1}, T_{p_3} の値を 1 にすることで，その番地で $f_k(\text{Input}R, \text{Comp})$（k=1,3）が成り立つとき，$b_2 b_1 b_0$ が次の遷移先番地として選択されるように制御する．条件分岐が 2 個以上ある場合は，図 15·10 の制御信号 T_{p_k} の数を増やせばよい．

前節で説明した電卓回路の場合，選択信号 V の値は図 15·5 に示すように，入力と μPC の値を用いた組合せ回路で実現される．一方，本節で説明した自動販売機の回路では，選択信号 V の値はマイクロ命令の 1 番地，3 番地の制御信号 T_{p_1}，T_{p_3} と入力を用いた組合せ回路で実現される．μPC のビット長が長くなる場合や，条件分岐の数が多くなり入力と μPC の値を用いた組合せ回路が複雑になる場合などでは，図 15·10 の T_{p_1}，T_{p_3} のような制御信号をマイクロ命令に追加することで選択信号 V の値を簡易に実現できることがある．

例題 15・5

(1) この回路の選択信号 V の内容（f_1(Input$R$,Comp)，f_3(Input$R$,Comp) の具体的内容）を定めよ．
(2) 図 15·10 の μP-ROM の内容で，自動販売機の制御部が正しく動作することを確認せよ．
(3) この回路を商品の定価が変わっても動作するようにするには回路をどのように変更すればよいか考えよ．

■答え
(1) $V = (T_{p_1} \cdot \text{Input}R) \vee (T_{p_3} \cdot \text{Comp})$
(2) （省略）
(3) 図 15·7 の 120 円のレジスタを変更されたあとの商品の定価に置き換えればよい．

演習問題

1 電卓の回路や自動販売機の制御回路と同様の方法で，二つの整数の積を計算する同期式順序回路を設計せよ．

2 与えられた数 n の平方根 $\sqrt{n}$ を求める同期式順序回路を設計せよ．

付録　CPU の設計

ここでは，メモリやレジスタ，加算器，比較回路などの IC 部品を組み合わせて，簡単な CPU を同期式順序回路として実現するための方法について述べる．

A·1 設計する CPU の概要

[1] 機械語命令の指定

CPU（Central Processing Unit）はコンピュータの中心的な回路であり，**中央処理装置**とも呼ばれ，機械語で書かれたプログラムを実行することで，さまざまな数値計算や情報処理を行う．機械語の命令には，ロード（LD），ストア（ST），加算（AD），条件付ジャンプ（JZ）などいくつかの種類がある．

本章では四つの命令（LD, ST, AD, JZ）からなる CPU の設計を考える．以下では，各命令は下記のような 2 語命令（各 $inC_k = 2$）とし，**図 A·1** のようにメモリの最初の 1 語にその命令の名前が書かれ，次の 1 語にその命令のオペランド（番地）が書かれているものとする．

	名前	オペランド	機能
1	LD	ADR	AC←M[ADR]，PC←PC+inC_1
2	ST	ADR	M[ADR]←AC，PC←PC+inC_2
3	AD	ADR	AC←AC+M[ADR]，PC←PC+inC_3
4	JZ	B	if AC=0 then PC←B else PC←PC+inC_4

（inC_k: 命令 k の占める語数，M[ADR]: メモリ M の ADR 番地の内容）

例えば，ロード（LD）命令はメモリ M の ADR 番地の内容 M[ADR] をアキュムレータ（レジスタ）AC に転送する命令であり，ストア（ST）命令は，アキュムレータ AC の内容をメモリ M の ADR 番地に格納する命令である．また，加算（AD）命令は，アキュムレータ AC の内容にメモリ M の ADR 番地の内容 M[ADR]

付録 CPU の設計

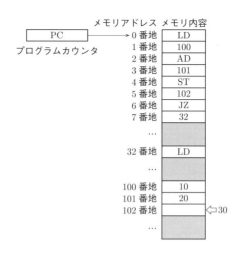

図 A·1 メモリに格納された機械語プログラム（アセンブリ言語で表現）

を加算する命令であり，これら三つの命令の実行後にプログラムカウンタ PC の内容がそれぞれ 2 語（$\mathrm{inC}_k = 2, k = 1, 2, 3$）だけ増加する．条件付ジャンプ（JZ）命令は，AC=0 が成り立つときのみプログラムカウンタ PC の値を B にセットし，そうでなければプログラムカウンタの値を 2 語（$\mathrm{inC}_4 = 2$）増加させる．

図 A·1 にメモリに格納された機械語プログラムの例を示す．図 A·1 では 2 進数の機械語表現ではなく，アセンブリ言語でプログラムを記述している．この例では，最初プログラムカウンタ PC は 0 番地を指しているものとする．0 番地の命令がロード（LD）命令で 1 番地に 100 が書かれているので，この 2 語命令を実行すると，100 番地の内容 10 がアキュムレータ AC に格納され，プログラムカウンタ PC の値が 2 増加する．PC が 2 番地の AD 命令を指し 3 番地に 101 が書かれているので，AD 命令が実行され，アキュムレータ AC に 101 番地の内容 20 が加算され，その値が 30 に増加する．その後プログラムカウンタ PC の値が 2 増加して 4 になり，5 番地に 102 が書かれているので，4 番地の ST 命令が実行され，アキュムレータ AC の値 30 が 102 番地に格納される．この命令が実行された後，プログラムカウンタ PC の値が 2 増加して 6 になる．6 番地の命令は条件付ジャンプ（JZ）命令なので，$\mathrm{AC} = 0$ かどうかがチェックされる．AC の値は 30 で条件（$\mathrm{AC} = 0$）は偽になるので，7 番地に書かれた 32 番地にはジャンプせず，プログ

ラムカウンタ PC の値はこれまでと同じように 2 だけ増加して 8 になり，8 番地以降の機械語が順次実行されていく．

以下では，図 A·1 のようにメモリに格納された機械語プログラムを順に実行していく Moore 型順序機械をどのように設計するかについて説明する．

〔2〕利用する IC 部品

上記の四つの命令を実行する CPU を次のような機能をもつメモリ（図 A·2），プログラムカウンタ（PC）（図 A·3），算術論理演算装置（Arithmetic Logic Unit: ALU）（図 A·4），命令レジスタ（Instruction Register: IR）などの部品を用いて実現する．

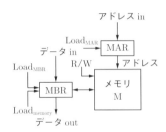

図 A·2 メモリ部の回路図

メモリ M（図 A·2）は R/W 信号が 1 のとき，かつそのときのみ，メモリバッファレジスタ MBR の内容がメモリ M の MAR 番地 M[MAR] に書き込まれる．

$R/W = 1$ のとき　$M[MAR] \leftarrow MBR$

一方，$Load_{memory}$ 信号を 1 にすることにより，メモリ M の MAR 番地の内容 M[MAR] がメモリバッファレジスタ MBR に書き込まれる．また，$Load_{MBR}$，$Load_{MAR}$ 信号を 1 にすることにより，"データ in" や "アドレス in" の内容がそれぞれメモリバッファレジスタ MBR，メモリアドレスレジスタ MAR にロードされる．

$Load_{memory} = 1$ のとき　　MBR←M[MAR]

$Load_{MBR} = 1$ のとき　　MBR← データ in

$Load_{MAR} = 1$ のとき　　MAR← アドレス in

付録 ■ CPU の設計

プログラムカウンタ PC(図 A·3)は,Inc_{PC},$Clear_{PC}$,$Load_{PC}$ の三つの制御信号をそれぞれ 1 にすることにより,図 A·3 の各制御信号の後ろの( )に記載の動作を行う.例えば,制御信号 Inc_{PC} の値を 1 にすると,プログラムカウンタ PC の値が 1 増加する.$Clear_{PC}$ 信号はプログラムカウンタ PC の値を 0 にする信号であり,$Load_{PC}$ 信号は外部から与えられる "データ in" をプログラムカウンタ PC にセットする制御信号である.

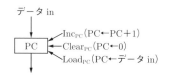

図 A·3　プログラムカウンタの回路図

図 A·4 の算術論理演算装置(ALU)は,ALUMODE が

　　　ALUMODE = ADD のとき　　　Z←X+Y(すなわち Z←AC+Y)
　　　ALUMODE = PASS のとき　　　Z←Y

の機能をもつ.アキュムレータ AC は $Load_{AC}$ 信号を 1 にすることにより,Z の値をロードする.また,AC の値が 0 のときのみ,AC からの出力 $Zero_{AC}$ 信号が 1 になる.

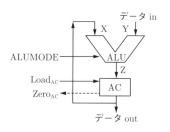

図 A·4　算術論理演算装置(ALU)の回路図

この例では,ALU の演算として加算のみを考えているが,論理和,論理積,否定,シフト,減算等の機能をもつ 9 章で設計した ALU を想定してもよい.その場合,ALUMODE を演算の数だけ用意し,その値によって ALU の演算の内容を変化させればよい.

また，命令の内容を保持する命令レジスタ（Instruction Register: IR）を用いる．

〔3〕CPU 回路の構成

以下では CPU 回路を図 A·5 のように，メモリ（M），プログラムカウンタ（PC），算術論理演算装置（ALU），レジスタ（MBR, MAR, AC），命令レジスタ（IR），三つのゲート回路（G）を 1 本のバス（BUS）でつないで実現する．各レジスタ間の転送は送信側レジスタ（PC, AC, MBR）の Gate 信号（$Gate_{PC}$, $Gate_{AC}$, $Gate_{MBR}$）のいずれか一つの信号をオンにし，受信側レジスタ（PC, IR, AC, MBR, MAR）の Load 信号（$Load_{PC}$, $Load_{IR}$, $Load_{AC}$, $Load_{MBR}$, $Load_{MAR}$）をオンにすることにより行われる．三つの Gate 信号（$Gate_{PC}$, $Gate_{AC}$, $Gate_{MBR}$）のいずれか一つの信号をオンにして送信側レジスタ（PC, AC, MBR）のうちの一つのレジスタの値をバス（BUS）に送出する仕組みは 10·7 節で述べたマルチプレクサを用いることで実現可能である．

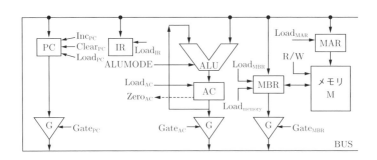

図 A·5　BUS を用いた CPU の回路図

〔4〕プログラムの実行

図 A·1 のようにメモリに格納された機械語プログラムを実行するには，まずプログラムカウンタ PC の指すメモリの番地から命令を読み出し，命令レジスタ IR にその内容を転送し，その命令がどのような命令であるかを解析（デコード）し，PC+1 番地に書かれたオペランドの内容を読み出すために PC の値を 1 増やす必要がある．これらの作業を**フェッチサイクル**と呼ぶ．フェッチサイクルが終了すると，命令レジスタ IR の内容に従ってそれぞれの命令の機能に記載された動

作列を実行する必要がある．これらの作業を**実行サイクル**と呼ぶ．

フェッチサイクルでは，次の t_0 から t_3 の四つの操作を順に実行することで，命令レジスタ IR に命令の名前が格納され，プログラムカウンタ PC がその命令のオペランドを読み出せるようになる．

(t_0) まずプログラムカウンタ PC の値をメモリ M のアドレスを指定するレジスタ MAR に転送（MAR←PC）

(t_1) MAR 番地の内容 M[MAR] をレジスタ MBR に転送（MBR←M[MAR]）

(t_2) レジスタ MBR の内容を命令レジスタ IR に転送（IR←MBR）

(t_3) プログラムカウンタ PC の値を 1 増やす（PC←PC+1）

次に，ロード（LD）命令を例に実行サイクルの操作列について説明する．ロード（LD）命令は，そのオペランドに記載の番地（以下 adr 番地とする）のデータをレジスタ AC に転送する命令である．このため，実行サイクルでは次のような操作を実行すればよい．

(t_4) まずプログラムカウンタ PC の値をメモリ M のアドレスを指定するレジスタ MAR に転送（MAR←PC）

(t_5) MAR 番地の内容 M[MAR] をレジスタ MBR に転送（MBR←M[MAR]）してオペランドに記載の adr 番地を取得する．

(t_6) レジスタ MBR の内容（オペランドに記載の adr 番地）をメモリアドレスレジスタ MAR に転送（MAR←MBR）

(t_7) MAR 番地の内容 M[MAR] をレジスタ MBR に転送（MBR← M[MAR]）

(t_8) レジスタ MBR の内容をレジスタ AC に転送（AC←MBR）

(t_9) プログラムカウンタ PC の値を 1 増やす（PC←PC+1）

同様に，条件付ジャンプ（JZ）命令の実行サイクルについて説明する．条件付ジャンプ（JZ）命令は，AC = 0 が成り立つときのみプログラムカウンタ PC の値を PC+1 番地に書かれたオペランド "B"（ジャンプ先の B 番地）にセットし，そうでなければここでは何もせず，次の命令に遷移する命令である．このため，その実行サイクルでは次のような操作を実行すればよい．

(t_4) まずプログラムカウンタ PC の値をメモリ M のアドレスを指定するレジスタ MAR に転送（MAR←PC）

(t_5) MAR 番地の内容 M[MAR] をレジスタ MBR に転送（MBR←M[MAR]）してオペランドに記載の B 番地を取得する．

(t_6) プログラムカウンタ PC の値を 1 増やす（PC←PC+1）
(t_7) AC = 0 のときはそのまま実行サイクルを継続し，AC ≠ 0 のときは実行サイクルを終了する（Test AC=0 ?）
(t_8) レジスタ MBR の内容（オペランドに記載のジャンプ先の B 番地）をプログラムカウンタ PC に転送（PC←MBR）

例題 A・1

上記のロード（LD）命令の実行サイクルの操作列を参考に，ストア（ST）命令，加算（AD）命令の実行サイクルの操作列を考案せよ．

■答え

図 A・6 のストア（ST）命令，加算（AD）命令の実行サイクル（$t_4, \ldots, t_9$）に記載の操作列を実行すればよい．

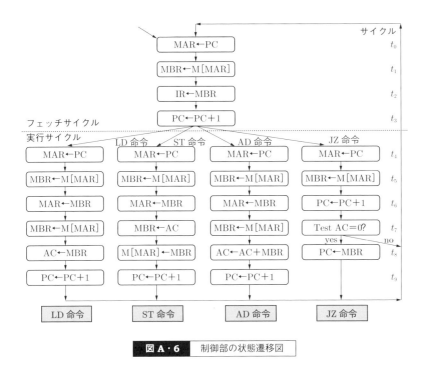

図 A・6　制御部の状態遷移図

A·2 CPUの実現法

〔1〕Moore型順序機械としての実現法

上述のフェッチサイクルや実行サイクルの実行順は図A·6の状態遷移図に記載のMoore型順序機械で実現できる．図A·6では，フェッチサイクルが4サイクル ($t_0,\ldots,t_3$)，実行サイクルが6サイクル ($t_4,\ldots,t_9$) または5サイクル ($t_4,\ldots,t_8$) で実現され，フェッチサイクルと実行サイクルを順に繰り返し実行することで，機械語のプログラムを順次解釈・実行していく（Moore型順序機械の各状態の出力については後述する）．

上記のフェッチサイクルや実行サイクルは，レジスタ間のデータ転送を行ったり，ALUを用いて加算を行ったり，PCの値を1増加する，といった回路上の操作を順次実行することで実現可能である．以下では，このような操作を**マイクロ命令**と呼ぶ．ここでは，次の転送，加算，条件判定，カウントアップの四つのマイクロ命令を考える．

転送	Reg'←Reg"
	（Reg'はPC, IR, AC, MBR, MARのいずれか，
	Reg"はPC, AC, MBRのいずれか）
加算	AC←AC+Reg"
	（ただし，Reg"はPC, AC, MBRのいずれか）
条件判定	Test AC=0 ?
カウントアップ	PC←PC+1

なお，各命令は上述の四つのマイクロ命令を複数組み合わせて実行し，一つのマイクロ命令は1クロックサイクル（以下単にサイクルと呼ぶ）で実行するものとし，各サイクルを $t_0, t_1, \ldots, t_n$ で表す．一般に，同時にバス（BUS）を占有することがなければ，複数のマイクロ命令を同時に一つのサイクルで実行しても差し支えないが，本章では簡単のため，一つのサイクルでは一つのマイクロ命令のみが実行されるように設計する．

これらのマイクロ命令は図A·5のCPU回路のいくつかの制御信号をオンにすることで実現可能である．例えば，(t_0) のMAR←PCは，Gate_{PC} 信号をオン（$\text{Gate}_{PC}=1$）にし，Load_{MAR} 信号をオン（$\text{Load}_{MAR}=1$）にすればよい．

そこで，図 A·6 では $\text{Gate}_{PC} = 1$，$\text{Load}_{MAR} = 1$ をサイクル t_0 の状態の出力値とすることでこれらを実現する．また，加算 AC←AC+MBR は ALUMODE を ADD に，Gate_{MBR} 信号をオン（$\text{Gate}_{MBR} = 1$）にし，Load_{AC} 信号をオン（$\text{Load}_{AC} = 1$）にすることで実現可能であり，図 A·6 の AD 命令のサイクル t_8 の状態では，ALUMODE = ADD, $\text{Gate}_{MBR} = 1$, $\text{Load}_{AC} = 1$ をその出力値とすることでこれらを実現する．図 A·6 に記載した制御部の状態遷移図の各状態の出力値を図 A·7 に示す（図では各状態で出力値が 1 になる制御信号を記載している）．

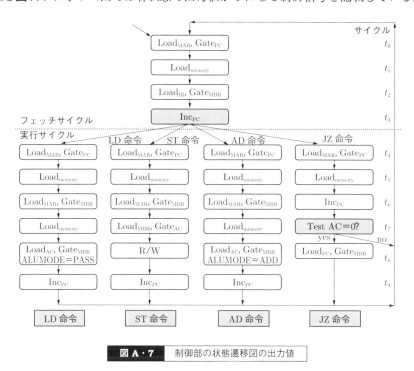

図 A·7 制御部の状態遷移図の出力値

基本的に図 A·7 の各状態でこの図の出力値を出力するように Moore 型順序機械を実現すればよい．Moore 型順序機械の実現法については，11 章で説明したように，複数のフリップフロップを用いて状態を保持し，その内容に従って出力を組合せ論理回路で実現する（図 A·8 (a) 参照）．ただし，CPU の順序機械では入力はクロック入力のみであり，図 A·7 で灰色で図示されている二つの状態（フェッチサイクル t_3 の状態，および，JZ 命令のサイクル t_7 の "Test AC=0" を判定する状態）については，命令レジスタ IR の内容に依存して LD, ST, AD, JZ のいずれ

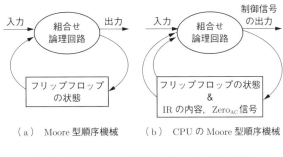

図A・8 Moore 型順序機械としての実現

かの命令に 4 分岐させたり，"Test AC=0" を判定する部分でレジスタ AC の内容に依存して 2 分岐させたりする必要が生じる．このため，図 A·8 (b) に示すように，命令レジスタ IR とレジスタ AC が 0 であることを表す $Zero_{AC}$ 信号の内容を用いて，次の状態や制御信号の出力を定める組合せ論理回路を実現する．

なお，図 A·7 の Moore 型順序機械を実現するには，図中の 27 状態を区別できる必要がある．本章では命令は 4 命令なので，状態数はそれほど多くならないが，命令数が多くなると状態数も多くなってしまう．一方，その状態遷移図はフェッチサイクルと実行サイクルが図 A·7 のように一列につながっているだけなので，以下では少し異なる実装法を紹介する．

図 A·9 (a) に示すように，ここでは新たにカウンタ T を設け，クロックが入力されるごとにカウンタ T の値が 1 ずつ増加し，カウンタ T の値が k のとき，対応する制御信号 t_k の値が 1 になるようなエンコーダ回路が実装されているとす

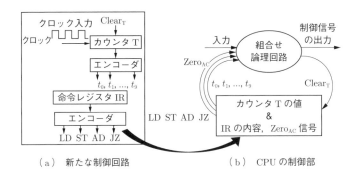

図A・9 CPU の状態と制御信号の出力の求め方

る．また，この回路では clear_T を 1 にすることで，カウンタ T の値が 0 になり，対応する制御信号 t_0 の値が 1 になるものとする．さらに，命令レジスタ IR にもエンコーダ回路が設けられ，フェッチサイクルで命令レジスタ IR に代入される命令の内容に従って，それぞれ LD, ST, AD, JZ 信号が 1 になるものとする．ここでは，図 A·9 (b) に示すように，CPU の制御部の状態を，カウンタ T からの制御信号 $t_0, \ldots, t_9$ と，命令レジスタ IR からの制御信号 LD, ST, AD, JZ の組で表すものとする．このとき，フェッチサイクルの状態はカウンタ T からの制御信号 $t_0, \ldots, t_3$ で表すことができる．また実行サイクルの状態は，カウンタ T からの制御信号 $t_4, \ldots, t_9$，命令レジスタ IR からの制御信号 LD, ST, AD, JZ，レジスタ AC の値が 0 であることを表す Zero_{AC} 信号の組で表すことができる．さらに，フェッチサイクル t_3 からの 4 分岐は制御信号 LD, ST, AD, JZ を用いて制御し，JZ 命令の実行サイクル t_7 の 2 分岐はレジスタ AC からの Zero_{AC} 信号を用いて制御できる．

同様に，図 A·5 の CPU の回路図の各部品の制御信号の値も図 A·7 の各状態の出力値になるよう，図 A·9 の制御信号を用いて定めることができる．例えば，Load_{MAR}, Gate_{PC}, Load_{memory} 信号の値はそれぞれ次のように定めればよい．

$\quad \text{Load}_{MAR} = t_0 \vee t_4 \vee (t_6 \cdot (\text{LD} \vee \text{ST} \vee \text{AD}))$

$\quad \text{Gate}_{PC} = t_0 \vee t_4$

$\quad \text{Load}_{memory} = t_1 \vee t_5 \vee (t_7 \cdot (\text{LD} \vee \text{AD}))$

また，clear_T 信号の値が 1 になるのは次のような場合である．

$\quad \text{clear}_T = (t_7 \cdot \text{JZ} \cdot \neg \, \text{Zero}_{AC}) \vee t_9$

〔2〕マイクロプログラム方式での実現法

以下では，図 A·6 の Moore 型順序機械の状態遷移や制御信号の出力を 15 章で説明したマイクロプログラム方式で実現する方法を説明する．図 A·10 (a) はそのアドレス指定である．ここでは，フェッチサイクルのマイクロ命令は 0 番地から実行されると考え，"Test AC=0 ?" は，Zero_{AC} 信号がオン ($\text{Zero}_{AC} = 1$) のときはなにも実行せず，オフ ($\text{Zero}_{AC} = 0$) のときはマイクロプログラムのアドレスを 0 番地にクリアすることにより実現する．

Gate_{PC} 信号や Load_{MBR} 信号のような信号のオン・オフは，マイクロプログラムによって実現する．マイクロ命令の形式は図 A·10 (b) のような 16 ビットの

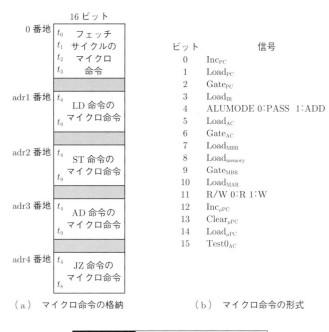

図 A・10　マイクロ命令の格納と形式

ものとする．ビット 12〜15 は，フェッチサイクルの t_3 から実行サイクルの t_4 に遷移する際の 4 分岐や条件付きジャンプ命令 JZ の 2 分岐を制御するために用いる．これらの用法については以下で述べる．

〔3〕 μ アドレスの指定

マイクロプログラムのアドレス指定を図 A・11 のような回路を用いて行う．図 A・11 において，μP–ROM はマイクロプログラムを格納するための ROM であり，そのアドレスをマイクロプログラムカウンタ μPC で指定する．μPC の $\text{Inc}_{\mu PC}$ 信号によって μPC の値が 1 増加し，$\text{Clear}_{\mu PC}$ 信号によって μPC の値が 0 になる．

また，μA–ROM には，各命令の実行サイクルのマイクロ命令の開始番地（図 A・10 (a) の adr1 番地〜adr4 番地）が書き込まれており，μA–ROM からは常に IR の命令に対する開始番地が出力される．この開始番地は，μPC の $\text{Load}_{\mu PC}$ 信号によって μPC にロードされる．通常のマイクロ命令では，$\text{Inc}_{\mu PC}$ 信号によって μPC の値を 1 ずつ増加させる．各命令の最後のマイクロ命令を実行したとき，および

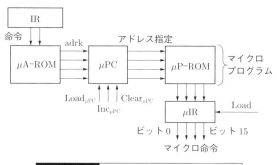

図 A・11 マイクロ命令のアドレス指定

"Test AC=0 ?" で AC = 0 でない場合は $\text{Clear}_{\mu PC}$ 信号によって μPC の値を 0 にする．また，フェッチサイクルの最後の状態では，各命令の実行サイクルのマイクロ命令の開始番地を $\text{Load}_{\mu PC}$ 信号によってロードすることで各命令の実行サイクルに遷移できる．例えば，サイクル t_0（MAR←PC）におけるマイクロ命令は，Gate_{PC} 信号（ビット 2）と Load_{MAR} 信号（ビット 10）および $\text{Inc}_{\mu PC}$ 信号（ビット 12）をオンに，残りのビットをオフにすればよい．よって，0 番地の 16 ビットのマイクロ命令（ビット $0,1,2,\ldots,15$）は

$$0\ 0\ 1\ 0\ 0\ 0\ 0\ 0\ 0\ 0\ 1\ 0\ 1\ 0\ 0\ 0$$

となる．なお，条件分岐 "Test AC=0 ?" を実行するときのみ，Test0_{AC} 信号（ビット 15）をオンにする．Test0_{AC} 信号がオンでかつレジスタ AC の Zero_{AC} 信号がオフ（$\text{Zero}_{AC} = 0$）のとき，μPC の $\text{Clear}_{\mu PC}$ 信号をオンにし，μPC の値を 0 にする．($\text{Zero}_{AC} = 1$) のときは，μPC の $\text{Inc}_{\mu PC}$ 信号をオンにし，μPC の値を 1 増加させる．これを具体的に実現するには，ビット 13 の $\text{Clear}_{\mu PC}$ 信号についてはそのまま利用せず，ビット 15 の Test0_{AC} 信号を用いて，$\text{Clear}_{\mu PC} \vee \text{Test0}_{AC} \cdot \neg \text{Zero}_{AC}$ に変更して，μPC の値を 0 にする．また，ビット 12 の $\text{Inc}_{\mu PC}$ についても，$\text{Inc}_{\mu PC} \vee \text{Test0}_{AC} \cdot \text{Zero}_{AC}$ に変更して，μPC の値を 1 増加させればよい．他の番地のマイクロ命令については 0 番地のマイクロ命令と同様の方法で決定すればよい．**図 A・12** にフェッチサイクルの μP-ROM の内容と，ST 命令，JZ 命令の μP-ROM の内容を示す（LD 命令，AD 命令も同様に作成できる（演習問題参照））．

〔4〕初期化と入出力

計算機の実行開始時には，プログラムカウンタ PC の値を実行開始番地 0（本

付録 ■ CPU の 設 計

マイクロ命令	Inc_{PC}	$Load_{PC}$	$Gate_{PC}$	$Load_{IR}$	ALUMODE	$Load_{AC}$	$Gate_{AC}$	$Load_{MBR}$	$Gate_{memory}$	$Load_{MAR}$	R/W	$Inc_{\mu PC}$	$Clear_{\mu PC}$	$Load_{\mu PC}$	$Test0_{AC}$
ビット	0	1	2	3	4	5	6	7	8	9	10	11	12	13	14	15
0番地 MAR←PC	0	0	1	0	0	0	0	0	0	0	1	0	1	0	0	0
1番地 MBR←M[MAR]	0	0	0	0	0	0	0	0	1	0	0	0	1	0	0	0
2番地 IR←MBR	0	0	0	1	0	0	0	0	0	1	0	0	1	0	0	0
3番地 PC←PC+1	1	0	0	0	0	0	0	0	0	0	0	0	0	0	1	0
……																
adr2番地 MAR←PC	0	0	1	0	0	0	0	0	0	0	1	0	1	0	0	0
(adr2+1)番地 MBR←M[MAR]	0	0	0	0	0	0	0	0	1	0	0	0	1	0	0	0
(adr2+2)番地 MAR←MBR	0	0	0	0	0	0	0	0	0	1	1	0	1	0	0	0
(adr2+3)番地 MBR←AC	0	0	0	0	0	0	1	1	0	0	0	0	1	0	0	0
(adr2+4)番地 M[MAR]←MBR	0	0	0	0	0	0	0	0	0	0	1	1	1	0	0	0
(adr2+5)番地 PC←PC+1	1	0	0	0	0	0	0	0	0	0	0	0	0	1	0	0
……																
adr4番地 MAR←PC	0	0	1	0	0	0	0	0	0	0	1	0	1	0	0	0
(adr4+1)番地 MBR←M[MAR]	0	0	0	0	0	0	0	0	1	0	0	0	1	0	0	0
(adr4+2)番地 PC←PC+1	1	0	0	0	0	0	0	0	0	0	0	0	0	0	1	0
(adr4+3)番地 TestAC=0?	0	0	0	0	0	0	0	0	0	0	0	0	0	0	0	1
(adr4+4)番地 PC←MBR	0	1	0	0	0	0	0	0	0	0	0	1	0	0	1	0

図 A·12 μP-ROM の内容

章では 0 番地から実行が開始されると仮定）に初期化しなければならない．また，μPC の値も 0 に初期化しなければならない．これらの操作は，PC および μPC に Clear 信号を送ることにより，実行される．

ここでは，特に入出力のための命令や部品を考慮していない．入出力はメモリの特定の番地への書き込み，読み出しとして実現する．例えば，入力をディップスイッチで，出力を LED（発光ダイオードまたは 7 セグ LED）で実現すればよい．

演習問題

1 図 A·12 の ST 命令，JZ 命令の μP-ROM の内容を参考に，LD 命令，AD 命令の μP-ROM の内容を記載せよ．

2 本章の CPU の実装法を参考に，適当な CPU の命令語を設定し，その CPU を実現する同期式順序回路を作成せよ．

演習問題解答

1章

1 24 bit の 2 の補数表現なので，表現できる最大の数値は $2^{23} - 1 = 8388607$，最小の数値は $-2^{23} = -8388608$．

2 $0111.01_2 = 2^2 + 2^1 + 2^0 + 2^{-2} = 7.25_{10}$ であり，正確に変換できる．
$123.45_{10} = 1111011.011100110011...._2$ の循環小数となり，変換時に誤差が生じる．

3 $01111111_2 = 177_8 = 7F_{16} = 127_{10}$．$11111111_2 = 377_8 = FF_{16} = 255_{10}$．8 進数，16 進数は，2 進数をそれぞれ 3 桁，4 桁ずつ区切って変換すればよい．

4 $65535_{10} = 01111111111111111_2$ であるため，17 ビット必要．

5 $39_{10} + 100_{10} = 139_{10}$ であるが，8 ビットの 2 の補数で計算すると $00100111_2 + 01100110_2 = 10001011_2$ となる．10 進数に変換すると $10001011_2 = -117_{10}$ となり，正しい値とならない．オーバフローが起こっているため．

2章

1

解表 2・1

入力				出力
x_3	x_2	x_1	x_0	$g(x_3, x_2, x_1, x_0)$
0	0	0	0	1
0	0	0	1	0
0	0	1	0	1
0	0	1	1	0
0	1	0	0	1
0	1	0	1	0
0	1	1	0	1
0	1	1	1	0
1	0	0	0	0
1	0	0	1	1
1	0	1	0	0
1	0	1	1	X
1	1	0	0	1
1	1	0	1	1
1	1	1	0	1
1	1	1	1	X

2

解表 2・2

入力				関数値				
x_0	x_1	x_2	x_3	$\overline{x}_0 \cdot x_3$	$\overline{x}_0 \cdot x_3 \oplus x_1$	$x_3 \cdot \overline{x_0 \cdot \overline{x}_2}$	f	$(x_1 \cdot \overline{x}_2 \cdot x_3) \vee (x_0 \cdot \overline{x}_1 \cdot x_2 \cdot \overline{x}_3)$
0	0	0	0	0	0	0	0	0
0	0	0	1	1	1	1	1	0
0	0	1	0	0	0	0	0	0
0	0	1	1	1	1	1	1	0
0	1	0	0	0	1	0	1	0
0	1	0	1	1	0	1	1(X)	1
0	1	1	0	0	1	0	1	0
0	1	1	1	1	0	1	1	0
1	0	0	0	0	0	0	0	0
1	0	0	1	0	0	1	1	0
1	0	1	0	0	0	0	0(X)	1
1	0	1	1	0	0	0	0	0
1	1	0	0	0	1	0	1	0
1	1	0	1	0	1	1	1(X)	1
1	1	1	0	0	1	0	1	0
1	1	1	1	0	1	0	1	0

x_0x_1 \ x_2x_3	00	01	11	10
00	0	1	1	0
01	1	X	1	1
11	1	X	1	1
10	0	1	0	X

解図 2・1

3 (N) $x \vee \overline{x} \cdot y = (x \vee \overline{x}) \cdot (x \vee y)$ (公理 2_d)

$\qquad\qquad = 1 \cdot (x \vee y)$ (公理 4)

$\qquad\qquad = (x \vee y) \cdot 1$ (公理 1_d)

$\qquad\qquad = x \vee y$ (公理 3_d)

$\quad$ (N$_d$) $x \cdot (\overline{x} \vee y) = x \cdot \overline{x} \vee x \cdot y$ (公理 2)

$\qquad\qquad = 0 \vee x \cdot y$ (公理 4_d)

$$= x \cdot y \vee 0 \qquad \text{(公理 1)}$$
$$= x \cdot y \qquad \text{(公理 3)}$$

4 $x \cdot y \oplus x \cdot \overline{y} \cdot z \oplus x \cdot \overline{y} \cdot \overline{z} = x \cdot (y \oplus \overline{y} \cdot z \oplus \overline{y} \cdot \overline{z})$
$$= x \cdot \{y \oplus \overline{y} \cdot (z \oplus \overline{z})\}$$
$$= x \cdot (y \oplus \overline{y} \cdot 1)$$
$$= x \cdot (y \oplus \overline{y})$$
$$= x \cdot 1$$
$$= x$$

3章

1 積和標準形
$$(x \cdot \overline{(y \vee z)}) \vee (x \cdot \overline{(y \cdot z)}) = x \cdot \overline{y} \cdot \overline{z} \vee x \cdot (\overline{y} \vee \overline{z})$$
$$= x \cdot \overline{y} \cdot \overline{z} \vee x \cdot \overline{y} \vee x \cdot \overline{z}$$
$$= x \cdot \overline{y} \cdot \overline{z} \vee x \cdot \overline{y} \cdot (z \vee \overline{z}) \vee x \cdot (y \vee \overline{y}) \cdot \overline{z}$$
$$= x \cdot \overline{y} \cdot \overline{z} \vee x \cdot \overline{y} \cdot z \vee x \cdot \overline{y} \cdot \overline{z} \vee x \cdot y \cdot \overline{z} \vee x \cdot \overline{y} \cdot \overline{z}$$
$$= x \cdot \overline{y} \cdot \overline{z} \vee x \cdot \overline{y} \cdot z \vee x \cdot y \cdot \overline{z}$$

和積標準形
$$(x \cdot \overline{(y \vee z)}) \vee (x \cdot \overline{(y \cdot z)}) = x \cdot \overline{y} \cdot \overline{z} \vee x \cdot (\overline{y} \vee \overline{z})$$
$$= (x \cdot \overline{y} \cdot \overline{z} \vee x) \cdot (x \cdot \overline{y} \cdot \overline{z} \vee (\overline{y} \vee \overline{z}))$$
$$= x \cdot (\overline{y} \vee \overline{z})$$
$$= (x \vee y \cdot \overline{y} \vee z \cdot \overline{z}) \cdot (x \cdot \overline{x} \vee \overline{y} \vee \overline{z})$$
$$= (x \vee y \vee z) \cdot (x \vee y \vee \overline{z}) \cdot (x \vee \overline{y} \vee z)$$
$$\cdot (x \vee \overline{y} \vee \overline{z}) \cdot (x \vee \overline{y} \vee \overline{z}) \cdot (\overline{x} \vee \overline{y} \vee \overline{z})$$
$$= (x \vee y \vee z) \cdot (x \vee y \vee \overline{z}) \cdot (x \vee \overline{y} \vee z)$$
$$\cdot (x \vee \overline{y} \vee \overline{z}) \cdot (\overline{x} \vee \overline{y} \vee \overline{z})$$

2 3で割り切れる $= x_3 \cdot x_2 \cdot x_1 \cdot x_0 \vee x_3 \cdot x_2 \cdot \overline{x}_1 \cdot \overline{x}_0 \vee x_3 \cdot \overline{x}_2 \cdot \overline{x}_1 \cdot x_0$

$$\vee \overline{x}_3 \cdot x_2 \cdot x_1 \cdot \overline{x}_0 \vee \overline{x}_3 \cdot \overline{x}_2 \cdot x_1 \cdot x_0 \vee \overline{x}_3 \cdot \overline{x}_2 \cdot \overline{x}_1 \cdot \overline{x}_0$$

4 で割り切れる $= \overline{x}_1 \cdot \overline{x}_0$

$$= x_3 \cdot x_2 \cdot \overline{x}_1 \cdot \overline{x}_0 \vee x_3 \cdot \overline{x}_2 \cdot \overline{x}_1 \cdot \overline{x}_0 \vee \overline{x}_3 \cdot x_2 \cdot \overline{x}_1 \cdot \overline{x}_0$$

$$\vee \overline{x}_3 \cdot \overline{x}_2 \cdot \overline{x}_1 \cdot \overline{x}_0$$

$$f(x_0, x_1, x_2, x_3) = x_3 \cdot x_2 \cdot x_1 \cdot x_0 \vee x_3 \cdot x_2 \cdot \overline{x}_1 \cdot \overline{x}_0 \vee x_3 \cdot \overline{x}_2 \cdot \overline{x}_1 \cdot x_0$$

$$\vee x_3 \cdot \overline{x}_2 \cdot \overline{x}_1 \cdot \overline{x}_0 \vee \overline{x}_3 \cdot x_2 \cdot x_1 \cdot \overline{x}_0 \vee \overline{x}_3 \cdot x_2 \cdot \overline{x}_1 \cdot \overline{x}_0$$

$$\vee \overline{x}_3 \cdot \overline{x}_2 \cdot x_1 \cdot x_0 \vee \overline{x}_3 \cdot \overline{x}_2 \cdot \overline{x}_1 \cdot \overline{x}_0$$

3 $\overline{(x \vee z) \cdot \overline{(x \cdot z \vee x \cdot y)}} = \overline{x \vee z} \vee (x \cdot z \vee x \cdot y)$

$$= \overline{x} \cdot \overline{z} \vee x \cdot z \vee x \cdot y$$

$$= \overline{x} \cdot (y \vee \overline{y}) \cdot \overline{z} \vee x \cdot (y \vee \overline{y}) \cdot z \vee x \cdot y \cdot (z \vee \overline{z})$$

$$= \overline{x} \cdot y \cdot \overline{z} \vee \overline{x} \cdot \overline{y} \cdot \overline{z} \vee x \cdot y \cdot z \vee x \cdot \overline{y} \cdot z \vee x \cdot y \cdot z \vee x \cdot y \cdot \overline{z}$$

$$= x \cdot y \cdot z \vee x \cdot y \cdot \overline{z} \vee x \cdot \overline{y} \cdot z \vee \overline{x} \cdot y \cdot \overline{z} \vee \overline{x} \cdot \overline{y} \cdot \overline{z}$$

4 章

1 否定 (NOT)：$\overline{x} = \overline{x \vee x} = \mathrm{NOR}(x, x)$

論理和 (OR)：$x \vee y = \overline{\overline{x \vee y}} = \mathrm{NOR}(\mathrm{NOR}(x, y), \mathrm{NOR}(x, y))$

論理積 (AND)：$x \cdot y = \overline{\overline{x} \vee \overline{y}} = \mathrm{NOR}(\mathrm{NOR}(x, x), \mathrm{NOR}(y, y))$

2 入力 NOR を用いて，NOT，2 入力 OR，2 入力 AND が実現できるので，G_{NO} は完全系である．

2 関数 F の双対関数 $\overline{F(\overline{x}_0, \cdots, \overline{x}_{n-1})}$ について

$$\overline{F(\overline{x}_0, \cdots, \overline{x}_{n-1})} = \overline{\overline{f(\overline{\overline{x}}_0, \cdots, \overline{\overline{x}}_{n-1})}} \quad (\because F(\overline{x}_0, \cdots, \overline{x}_{n-1}) = \overline{f(\overline{\overline{x}}_0, \cdots, \overline{\overline{x}}_{n-1})})$$

$$= f(\overline{\overline{x}}_0, \cdots, \overline{\overline{x}}_{n-1})$$

$$= \overline{f(x_0, \cdots, x_{n-1})} \quad (関数\ f\ は自己双対関数より)$$

$$= F(x_0, \cdots, x_{n-1}) \quad (\because F(x_0, \cdots, x_{n-1}) = \overline{f(x_0, \cdots, x_{n-1})})$$

$F(x_0, \cdots, x_{n-1}) = \overline{F(\overline{x}_0, \cdots, \overline{x}_{n-1})}$ より，関数 $F(x_0, \cdots, x_{n-1})$ も自己双対関数となる．

3 (i)

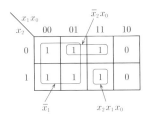

解図 4・1

(ii) 図 4.5 と (i) のカルノー図が一致するとき，関数 f は自己双対関数になる．よって，$v_1 = 0, v_2 = 1$ のとき，関数 f は自己双対関数となる．

5章

1

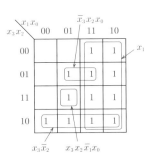

解図 5・1

2

解図 5・2

3 $\overline{x}_0 \lor \overline{x}_2 \overline{x}_1 \lor x_2 x_1$

演習問題解答

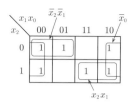

解図 5・3

4 $\overline{x}_3 x_2 \vee \overline{x}_2 \overline{x}_0 \vee \overline{x}_2 x_1 \vee x_2 \overline{x}_1 x_0$

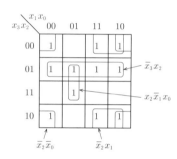

解図 5・4

5

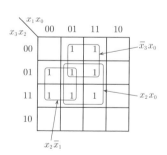

解図 5・5

6 $h = \overline{x}_3\overline{x}_2x_0 \vee \overline{x}_3x_2\overline{x}_0 \vee x_3x_2x_1$

解図 5・6

6章

1

解図 6・1

2 $f_a = x_1 \vee x_3 \vee x_2x_0 \vee \overline{x}_2\overline{x}_0$
$f_b = \overline{x}_2 \vee x_1x_0 \vee \overline{x}_1\overline{x}_0$

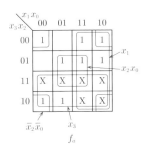
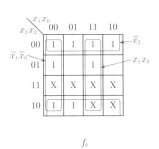

解図 6・2

3 (a) $x_2 x_0 \lor x_3 \overline{x}_0 \lor \overline{x}_3 x_1 x_0$
(b) $x_2 x_0 \lor x_3 x_1$

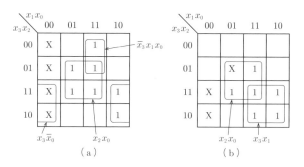

解図 6・3

4 $\overline{x}_2 \overline{x}_1 \lor \overline{x}_3 \overline{x}_2 \lor \overline{x}_3 \overline{x}_1 \overline{x}_0 \lor \overline{x}_3 x_1 x_0$

	第一段階のリスト		第二段階のリスト		第三段階のリスト	
	$x_3\ x_2\ x_1\ x_0$	最小項	$x_3\ x_2\ x_1\ x_0$	最小項	$x_3\ x_2\ x_1\ x_0$	最小項
第一グループ	0 0 0 0	(0) v	0 0 0 −	(0,1) v	**0 0 − −**	**(0,1,2,3)**
	0 0 0 1	(1) v	0 0 − 0	(0,2) v	**− 0 0 −**	**(0,1,8,9)**
第二グループ	0 0 1 0	(2) v	**0 − 0 0**	**(0,4)**		
	0 1 0 0	(4) v	**− 0 0 0**	**(0,8)** v		
	1 0 0 0	(8) v	0 0 − 1	(1,3) v		
第三グループ	0 0 1 1	(3) v	− 0 0 1	(1,9) v		
	1 0 0 1	(9) v	0 0 1 −	(2,3) v		
第四グループ	0 1 1 1	(7) v	1 0 0 −	(8,9) v		
			0 − 1 1	**(3,7)**		

解図 6・4

		最小項							
	主項	0	1	2	3	4	7	8	9
必須	$\overline{x}_3 \overline{x}_2$	1	1	1	1				
必須	$\overline{x}_2 \overline{x}_1$	1	1					1	1
必須	$\overline{x}_3 \overline{x}_1 \overline{x}_0$	1				1			
必須	$\overline{x}_3 x_1 x_0$				1		1		

解図 6・5

5 $f_b = \overline{x}_2 \vee \overline{x}_1\overline{x}_0 \vee x_1x_0$

	第一段階のリスト	第二段階のリスト	第三段階のリスト	第四段階のリスト
	$x_3\,x_2\,x_1\,x_0$　最小項	$x_3\,x_2\,x_1\,x_0$　最小項	$x_3\,x_2\,x_1\,x_0$　最小項	$x_3\,x_2\,x_1\,x_0$　最小項
第一グループ	0 0 0 0　(0) v	0 0 0 −　(0,1) v	0 0 − −　(0,1,2,3) v	− 0 − −　(0,1,2,3,8,9,10,11)
	0 0 0 1　(1) v	0 0 − 0　(0,2) v	0 0 − −　(0,1,8,9) v	1 − − −　(8,9,10,11,12,13,14,15)
第二グループ	0 0 1 0　(2) v	0 − 0 0　(0,4) v	− 0 − 0　(0,2,8,10) v	
	0 1 0 0　(4) v	− 0 0 0　(0,8) v	− − 0 0　**(0,4,8,12)**	
	1 0 0 0　(8) v	0 0 − 1　(1,3) v	− 0 − 1　(1,3,9,11)	
第三グループ	0 0 1 1　(3) v	− 0 0 1　(1,9) v	− 0 1 −　(2,3,10,11) v	
	1 0 0 1　(9) v	0 0 1 −　(2,3) v	1 0 − −　(8,9,10,11) v	
	1 0 1 0　(10) v	− 0 1 0　(2,10) v	1 − − 0　(8,9,12,13) v	
	1 1 0 0　(12) v	− 1 0 0　(4,12) v	1 − − 0　(8,10,12,14) v	
第四グループ	0 1 1 1　(7) v	1 0 0 −　(8,9) v	− − 1 1　**(3,7,11,15)**	
	1 0 1 1　(11) v	1 0 − 0　(8,10) v	1 − − 1　(9,11,13,15) v	
	1 1 0 1　(13) v	1 − 0 0　(8,12) v	1 − − 0　(10,11,14,15) v	
	1 1 1 0　(14) v	0 − 1 1　(3,7) v	1 1 − −　(12,13,14,15) v	
第五グループ	1 1 1 1　(15) v	− 0 1 1　(3,11) v		
		1 0 − 1　(9,11) v		
		1 − 0 1　(9,13) v		
		1 0 1 −　(10,11) v		
		1 − 1 0　(10,14) v		
		1 1 − 0　(12,13) v		
		1 1 − 0　(12,14) v		
		− 1 1 1　(7,15) v		
		1 − 1 1　(11,15) v		
		1 1 − 1　(13,15) v		
		1 1 1 −　(14,15) v		

解図 6・6

		最小項						
	主項	0	1	2	3	4	7	8	9
必須	$\overline{x}_2$	1	1	1	1			1	1
	x_3							1	1
必須	$\overline{x}_1\overline{x}_0$	1				1		1	
必須	x_1x_0				1		1		

解図 6・7

6 $\overline{f}_e = x_0 \vee x_2\overline{x}_1 \vee x_3 x_1$
$f_e = \overline{\overline{f}_e} = \overline{x_0 \vee x_2\overline{x}_1 \vee x_3 x_1} = \overline{x}_0 \cdot \overline{x_2\overline{x}_1} \cdot \overline{x_3 x_1} = \overline{x}_0 \cdot (\overline{x}_2 \vee x_1) \cdot (\overline{x}_3 \vee \overline{x}_1)$

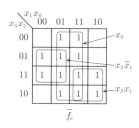

解図 6・8

7 $r = \overline{x}_1 \vee x_3\overline{x}_0 \vee x_3\overline{x}_2$
もしくは $r = \overline{x}_1 \vee x_3\overline{x}_0 \vee \overline{x}_2 x_0$

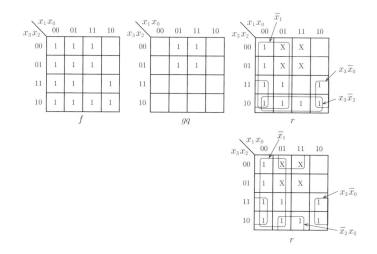

解図 6・9

7章

1

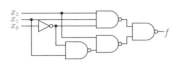

解図 7・1

2

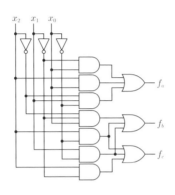

解図 7・2

3 前問に比べて少ないゲート数で実現できていることがわかる．

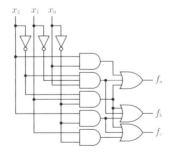

解図 7・3

4 $f_a = \overline{x}_2\overline{x}_0 \vee \overline{x}_2 x_1 x_0$
$f_b = x_2 x_1 \vee \overline{x}_2 x_1 x_0$

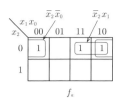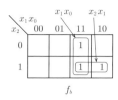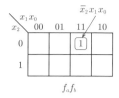

解図 7・4

解表 7・1

	主項		最小項 f_a			f_b		
			0	2	3	3	6	7
必須	$\overline{x}_2\overline{x}_0$	(f_a)	1	1				
	$\overline{x}_2 x_1$	(f_a)		1	1			
	$x_1 x_0$	(f_b)				1		1
必須	$x_2 x_1$	(f_b)					1	1
	$\overline{x}_2 x_1 x_0$	$(f_a f_b)$			1	1		

解表 7・2

	主項		最小項 f_a	f_b
			3	3
	$\overline{x}_2 x_1$	(f_a)	1	
	$x_1 x_0$	(f_b)		1
	$\overline{x}_2 x_1 x_0$	$(f_a f_b)$	1	1

5 $f_a = \overline{x}_2 x_1 \vee x_2 x_1 \overline{x}_0 \vee \overline{x}_2 \overline{x}_1 \overline{x}_0$

$f_b = x_2 x_0 \vee x_2 x_1 \overline{x}_0 \vee \overline{x}_2 \overline{x}_1 \overline{x}_0$

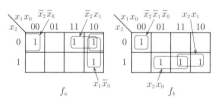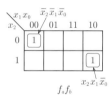

解図 7・5

解表 7・3

	主項		最小項 f_a			f_b			
			0	2	3	6	0	5	6	7
	$\overline{x}_2 \overline{x}_0$	(f_a)	1	1						
必須	$\overline{x}_2 x_1$	(f_a)		1	1					
	$x_1 \overline{x}_0$	(f_a)			1	1				
	$x_2 x_1$	(f_b)							1	1
必須	$x_2 x_0$	(f_b)						1		1
支配されている	$\overline{x}_2 \overline{x}_1 \overline{x}_0$	(f_b)					1			
必須	$\overline{x}_2 \overline{x}_1 \overline{x}_0$	$(f_a f_b)$	1				1			
	$x_2 x_1 \overline{x}_0$	$(f_a f_b)$				1			1	

解表 7・4

	主項		最小項 f_a	f_b
			6	6
	$x_1 \overline{x}_0$	(f_a)	1	
	$x_2 x_1$	(f_b)		1
	$x_2 x_1 \overline{x}_0$	$(f_a f_b)$	1	1

8章

1

解表 8・1

enable	i_2	i_1	i_0	o_7	o_6	o_5	o_4	o_3	o_2	o_1	o_0
0	0	0	0	0	0	0	0	0	0	0	0
0	0	0	1	0	0	0	0	0	0	0	0
0	0	1	0	0	0	0	0	0	0	0	0
0	0	1	1	0	0	0	0	0	0	0	0
0	1	0	0	0	0	0	0	0	0	0	0
0	1	0	1	0	0	0	0	0	0	0	0
0	1	1	0	0	0	0	0	0	0	0	0
0	1	1	1	0	0	0	0	0	0	0	0
1	0	0	0	0	0	0	0	0	0	0	1
1	0	0	1	0	0	0	0	0	0	1	0
1	0	1	0	0	0	0	0	0	1	0	0
1	0	1	1	0	0	0	0	1	0	0	0
1	1	0	0	0	0	0	1	0	0	0	0
1	1	0	1	0	0	1	0	0	0	0	0
1	1	1	0	0	1	0	0	0	0	0	0
1	1	1	1	1	0	0	0	0	0	0	0

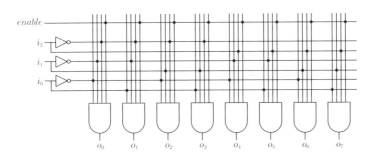

解図 8・1

2

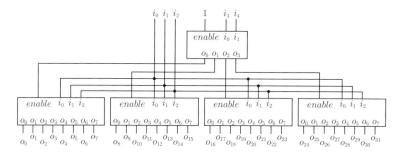

解図 8・2

3

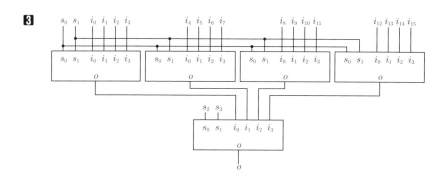

解図 8・3

9章

1 図 9·1 (c) の出力信号 c および s の論理式を求め，図 9·1 (a) の出力信号 c および s の論理式と比較する．

$$t_0 = \overline{xy} = \overline{x} + \overline{y}$$

$$t_1 = x \oplus y = \overline{x}y + x\overline{y}$$

$$t_2 = \overline{t}_1 + \overline{z} = \overline{\overline{x}\overline{y} + x\overline{y}} + \overline{z} = \cdots = xy + \overline{x}\,\overline{y} + \overline{z}$$

$$c = \overline{t}_0 + \overline{t}_2 = xy + \overline{xy + \overline{x}\,\overline{y} + \overline{z}} = \cdots = xy + x\overline{y}z + \overline{x}yz$$

$$s = t_1 \oplus z = \overline{t}_1 z + t_1 \overline{z} = (\overline{\overline{x}y + x\overline{y}})z + (\overline{x}y + x\overline{y})\overline{z}$$

$$= \cdots = xyz + x\overline{y}\,\overline{z} + \overline{x}y\overline{z} + \overline{x}\,\overline{y}z$$

2 信号 b および d の論理式は次のとおり．

$$b = \overline{x} \cdot y \vee \overline{x} \cdot z \vee y \cdot z \tag{演 9·1}$$

$$d = x \oplus y \oplus z \tag{演 9・2}$$

3 信号 c, y_3, y_2, y_1, y_0 の論理式は次のとおり．

$$y_0 = \overline{x}_0 \tag{演 9・3}$$

$$y_1 = x_1 \cdot \overline{x}_0 \vee \overline{x}_1 \cdot x_0 \tag{演 9・4}$$

$$y_2 = x_2 \cdot \overline{x}_1 \vee x_2 \cdot \overline{x}_0 \vee \overline{x}_2 \cdot x_1 \cdot x_0 \tag{演 9・5}$$

$$y_3 = x_3 \cdot \overline{x}_2 \vee x_3 \cdot \overline{x}_1 \vee x_3 \cdot \overline{x}_0 \vee \overline{x}_3 \cdot x_2 \cdot x_1 \cdot x_0 \tag{演 9・6}$$

$$c = x_3 \cdot x_2 \cdot x_1 \cdot x_0 \tag{演 9・7}$$

4 信号 b, y_3, y_2, y_1, y_0 の論理式は次のとおり．

$$y_0 = \overline{x}_0 \tag{演 9・8}$$

$$y_1 = x_1 \cdot x_0 \vee \overline{x}_1 \cdot \overline{x}_0 \tag{演 9・9}$$

$$y_2 = x_2 \cdot x_1 \vee x_2 \cdot x_0 \vee \overline{x}_2 \cdot \overline{x}_1 \cdot \overline{x}_0 \tag{演 9・10}$$

$$y_3 = x_3 \cdot x_2 \vee x_3 \cdot x_1 \vee x_3 \cdot x_0 \vee \overline{x}_3 \cdot \overline{x}_2 \cdot \overline{x}_1 \cdot \overline{x}_0 \tag{演 9・11}$$

$$b = \overline{x}_3 \cdot \overline{x}_2 \cdot \overline{x}_1 \cdot \overline{x}_0 \tag{演 9・12}$$

5 各フラグを生成するための論理関数は次のとおり．

$$C = \overline{s}_2 \cdot c_3 \tag{演 9・13}$$

$$Z = \overline{F_3 \vee F_2 \vee F_1 \vee F_0} \tag{演 9・14}$$

$$S = F_3 \tag{演 9・15}$$

$$V = \overline{s}_2 \cdot (c_3 \oplus c_2) \tag{演 9・16}$$

$$P = F_3 \oplus F_2 \oplus F_1 \oplus F_0 \tag{演 9・17}$$

6 4 ビット桁上げ先見加算器（CLA 4）の各信号の遅延時間を**解表 9.1** に示す．

解表 9・1 CLA 4 の各信号の遅延時間

信号名	c_0	c_1	c_2	c_3	P	G	s_0	s_1	s_2	s_3
遅延時間（T）	4.4	4.7	5.0	7.4	4.4	5.2	3.6	6.2	6.5	6.8

7 16 ビット桁上げ先見加算器（CLA 16）の各信号の遅延時間を**解表 9.2** に示す．

解表 9・2 CLA 16 の主要な信号の遅延時間

信号名	c_{15}	s_{15}
遅延時間（T）	11.4	17.0

演習問題解答

10章

1 Dフリップフロップを用いたTフリップフロップの実現方法を**解図 10·1**に示す．

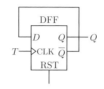

解図 10・1 Dフリップフロップを用いたTフリップフロップの実現方法

2 Dフリップフロップを用いたJKフリップフロップの実現方法を**解図 10·2**に示す．

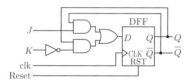

解図 10・2 Dフリップフロップを用いたJKフリップフロップの実現方法

3 JKフリップフロップを用いたTフリップフロップの実現方法を**解図 10·3**に示す．

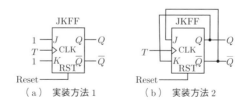

解図 10・3 JKフリップフロップを用いたTフリップフロップの実現方法

4 イネーブル機能付き D フリップフロップの実現方法を**解図 10·4** に示す.

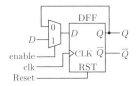

解図 10・4　イネーブル機能付き D フリップフロップの実現方法

11 章

1 状態遷移図を**解図 11·1** に示す.

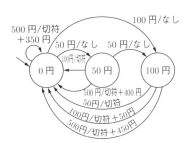

解図 11・1　500 円も使えるときの状態遷移図

2 パターン "010" の初めの 2 文字目までのパターン "01" を見つけ,その後 '0' が入力されるのを検出する回路を作るために,次の状態を定義する.0 が 1 回以上連続して入力された状態の S_1,01 が連続して入力された状態の S_2,そしてその他の状態 S_0 を定義し,これら 3 状態を使って,Mealy 型順序機械として実現すると,**解図 11·2** の状態遷移図を得る.

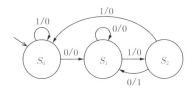

解図 11・2　"010" 文字列検出回路の状態遷移図

演習問題解答

状態を表すために，符号を S_0 に 00，S_1 に 01，S_2 に 10 と割り当てると，状態遷移関数，出力関数は，以下となる．

$$q_1^+ = xq_0 \tag{演 11・1}$$

$$q_0^+ = \overline{x} \tag{演 11・2}$$

$$z = \overline{x}q_1 \tag{演 11・3}$$

3 1 が 1 回以上連続して入力された状態である S_1，10 が連続して入力された状態である S_2，100 が連続して入力された状態である S_3，そしてその他の状態 S_0 を定義し，これら 4 状態を使って，Moore 型順序機械として実現すると，**解図 11・3** の状態遷移図を得る．

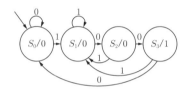

解図 11・3　"100" 文字列検出回路の状態遷移図

状態を表すために，符号を S_0 に 00，S_1 に 01，S_2 に 11，S_3 に 10 と割り当てると状態遷移関数，出力関数は，以下となる．

$$q_1^+ = \overline{x}q_0 \tag{演 11・4}$$

$$q_0^+ = x \vee \overline{q}_1 q_0 \tag{演 11・5}$$

$$z = q_1 \overline{q}_0 \tag{演 11・6}$$

4 略

5

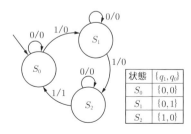

解図 11・4　図 11・11 の状態遷移図

12章

1 解表 12·1 となる．したがって，8 状態から 5 状態に最小化できる．

グループ	現在の状態	次の状態		出力		遷移先グループ	
		x_0	x_1	x_0	x_1	x_0	x_1
A_1	S_1	S_0	S_7	z_0	z_0	B_1	C
A_2	S_2	S_2	S_0	z_0	z_0	A_2	B_1
	S_3	S_3	S_0	z_0	z_0	A_2	B_1
	S_5	S_5	S_0	z_0	z_0	A_2	B_1
B_1	S_0	S_1	S_7	z_1	z_1	A_1	C
B_2	S_4	S_1	S_4	z_1	z_1	A_1	B_2
	S_6	S_1	S_6	z_1	z_1	A_1	B_2
C	S_7	S_0	S_1	z_1	z_0	B_1	A_1

解表 12・1　グループ化後

2 略

3 5 進カウンタを，解図 12·1 に示す．

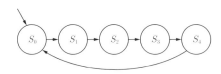

解図 12・1　5 進カウンタの状態遷移

状態割当て後の状態遷移表を**解表 12·2** に示す．101，110，111 はドントケア入力であることに注意．q_2^+, q_1^+, q_0^+ を最簡積和形は以下の式となる．

$$q_2^+ = q_1 q_0 \tag{演 12・1}$$

$$q_1^+ = \overline{q}_1 q_0 \vee q_1 \overline{q}_0 \tag{演 12・2}$$

$$q_0^+ = \overline{q}_2\, \overline{q}_0 \tag{演 12・3}$$

解表 12・2　5 進カウンタの状態遷移表

現状態	現状態割当て (q_2, q_1, q_0)	次状態	次状態割当て (q_2^+, q_1^+, q_0^+)
S_0	000	S_1	001
S_1	001	S_2	010
S_2	010	S_3	011
S_3	011	S_4	100
S_4	100	S_0	000

4 状態遷移関数，出力関数を求めると，以下となる．

$$q_1^+ = xq_0 \vee q_1\overline{q}_0 \qquad (演 12\cdot 4)$$

$$q_0^+ = x\overline{q}_1 \vee \overline{x}q_1 \qquad (演 12\cdot 5)$$

$$z = xq_0 \vee q_1\overline{q}_0 \qquad (演 12\cdot 6)$$

13 章

1 $Q_0^+ = \overline{Q}_0$
$Q_1^+ = \overline{u} \oplus Q_1 \oplus Q_0$
$Q_2^+ = u\cdot Q_2\cdot \overline{Q}_1 \vee u\cdot Q_2\cdot \overline{Q}_0 \vee u\cdot \overline{Q}_2\cdot Q_1\cdot Q_0 \vee \overline{u}\cdot Q_2\cdot Q_1 \vee \overline{u}\cdot Q_2\cdot Q_0 \vee \overline{u}\cdot \overline{Q}_2\cdot \overline{Q}_1\cdot \overline{Q}_0$

2 $t_1 = Q_0 \oplus u$
$t_2 = t_1 \cdot (Q_1 \oplus u)$
$t_3 = t_2 \cdot (Q_2 \oplus u)$
$c = u \vee \overline{Q_3 \cdot Q_0}$
$d = \overline{u} \vee Q_3 \vee Q_2 \vee Q_1 \vee Q_0$
$Q_0^+ = \overline{Q}_0$
$Q_1^+ = (t_1 \oplus Q_1) \cdot c \cdot d$
$Q_2^+ = (t_2 \oplus Q_2) \cdot d$
$Q_3^+ = (t_3 \oplus Q_3) \cdot c$

3 $c = Q_3 \cdot Q_0$

4 $c = Q_2 \cdot Q_0$

5 回路図を**解図 13・1** に示す．

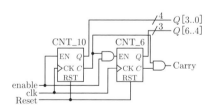

解図 13・1 BCD60 進アップカウンタの論理回路図

14 章

1 4 進数の加算表を**解表 14・1** に示す．
4 進数の乗算表を**解表 14・2** に示す．

解表 14·1	4進数の加算表			
$x \setminus y$	0	1	2	3
0	0	1	2	3
1	1	2	3	10
2	2	3	10	11
3	3	10	11	12

解表 14·2	4進数の乗算表			
$x \setminus y$	0	1	2	3
0	0	0	0	0
1	0	1	2	3
2	0	2	10	12
3	0	3	12	21

2 $z_3 = 0$

$z_2 = x_1 \cdot y_1 \vee x_1 \cdot x_0 \cdot y_0 \vee x_0 \cdot y_1 \cdot y_0$

$z_1 = x_1 \cdot \overline{y}_1 \cdot \overline{y}_0 \vee x_1 \cdot \overline{x}_0 \cdot \overline{y}_1 \vee x_1 \cdot x_0 \cdot y_1 \cdot y_0 \vee \overline{x}_1 \cdot \overline{x}_0 \cdot y_1 \vee \overline{x}_1 \cdot y_1 \cdot \overline{y}_0 \vee \overline{x}_1 \cdot x_0 \cdot \overline{y}_1 \cdot y_0$

$z_0 = x_0 \cdot \overline{y}_0 \vee \overline{x}_0 \cdot y_0 = x_0 \oplus y_0$

3 $z_3 = x_1 \cdot x_0 \cdot y_1 \cdot y_0$

$z_2 = x_1 \cdot x_0 \cdot y_1 \cdot \overline{y}_0 \vee x_1 \cdot \overline{x}_0 \cdot y_1$

$z_1 = x_1 \cdot \overline{y}_1 \cdot y_0 \vee x_1 \cdot \overline{x}_0 \cdot y_0 \vee \overline{x}_1 \cdot x_0 \cdot \overline{y}_0$

$z_0 = x_0 \cdot y_0$

4 (1) $00000011 \times 00000101 = 00001111$

(2) $00000011 \times 11111011 = 11110001$

(3) $11111101 \times 00000101 = 11110001$

(4) $11111101 \times 11111011 = 00001111$

15章

1 解図 15·1 に 4 ビットの非負整数 N, M の積 K を求める同期式順序回路の回路図を示す．

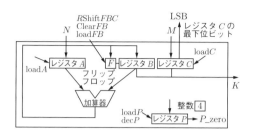

解図 15・1 非負整数 N, M の積 K を求める同期式順序回路

解図 15·1 のレジスタ A と C に最初のステップで外部からの入力値（非負整数）N, M を格納し，レジスタ P に整数値 4 を初期設定する．レジスタ B と 1 ビットのフリップフロップ F は作業用レジスタとして利用する（初期設定が必要）．加算器はレジスタ A と B の値を加算し，その値はレジスタ B に格納する．レジスタ A と B の和が 5 ビットになった場合は 5 ビット目の内容がフリップフロップ F に格納される．フリップフロップ F とレジスタ B，レジスタ C はこの順に接続され，$RShiftFBC$ 信号を 1 にすると右に 1 ビットシフトされ，最上位のフリップフロップ F に 0 がセットされる．レジスタ C の最下位ビットが LSB として出力される．

二つの 2 進数 N, M の積 K の計算は，**解図 15·2** のように Add（加算），Shift（右に 1 ビットシフト）を繰り返して行う．LSB が 1 のときのみ，レジスタ A の値を B に加算する．最終的に積 K の値がレジスタ B, C に格納される（レジスタ B が積 K の上位 4 ビット，レジスタ C が積 K の下位 4 ビットを表す）．

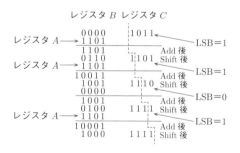

解図 15・2 $N=1101, M=1011$ の積 $K=10001111$ を計算するアルゴリズムの概略

解図 15·1 の各部品は**解図 15·3** のように動作するものと仮定する．非負整数 N, M の積 K を求めるアルゴリズムのフローチャートを**解図 15·4** に示す．解図 15·4 の⓪で

(イ) $\text{load}A=1$ のとき 外部入力 N をレジスタ A に格納する ($A\leftarrow\text{input}(N)$ と書く)
$\text{load}A=0$ のとき レジスタ A の値は不変
(ロ) $R\text{Shift}FBC=1$, $\text{Clear}FB=0$, $\text{load}FB=0$, $\text{load}C=0$ のとき
  F,B,C の値を 1 ビット右にシフトする ($R\text{Shift}(F,B,C)$ と書く)
$R\text{Shift}FBC=0$, $\text{Clear}FB=1$, $\text{load}FB=0$ のとき F,B の値を 0 にする ($\langle F,B\rangle\leftarrow 0$ と書く)
$R\text{Shift}FBC=0$, $\text{Clear}FB=0$, $\text{load}FB=1$ のとき 加算器の出力 $(A+B)$ を $\langle F,B\rangle$ に格納する
  ($\langle F,B\rangle\leftarrow A+B$ と書く)
$R\text{Shift}FBC=0$, $\text{load}C=1$ のとき
  外部入力 M をレジスタ C に格納する ($C\leftarrow\text{input}(M)$ と書く)
$R\text{Shift}FBC=0$, $\text{Clear}FB=0$, $\text{load}FB=0$, $\text{load}C=0$ のとき F,B,C の値は不変
(ハ) $\text{load}P=1$, $\text{dec}P=0$ のとき 整数 4 をレジスタ P に格納する ($P\leftarrow 4$ と書く)
$\text{load}P=0$, $\text{dec}P=1$ のとき レジスタ P の値を 1 減らす ($P\leftarrow P-1$ と書く)
$\text{load}P=0$, $\text{dec}P=0$ のとき レジスタ P の値は不変
(ニ) $P=0$ が真 のときかつそのときのみ $P\_zero=1$ ($\text{test}(P=0)$? と書く)
(ホ) レジスタ C の最下位ビットが 1
  のときかつそのときのみ $LSB=1$ ($\text{test}(LSB=1)$? と書く)

解図 15・3 各部品の動作仕様

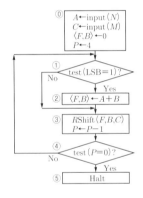

解図 15・4 非負整数 N,M の積 K を求めるアルゴリズムのフローチャート

N,M の値をレジスタ A,C に格納し,①で LSB の値が 1 のときのみ②でレジスタ A と B の和がフリップフロップ F とレジスタ B に格納される.③でフリップフロップ F とレジスタ B, レジスタ C の内容が右に 1 ビットシフトされる.これらの操作を 4 回繰り返すことで N,M の積が計算される.

 解図 15・1 の同期式順序回路の制御部をマイクロプログラム方式に基づき,**解図 15・5** の形で実現する.解図 15・5 のマイクロプログラムカウンタ μPC の値 $p_2p_1p_0$ (p_0 が最下位ビット) は,解図 15・4 のフローチャートの条件分岐や処理に対応するアドレス (解図 15・4 の①や②などに相当) を表す.μP-ROM の $a_2a_1a_0,\ b_2b_1b_0$ は,それぞれ次

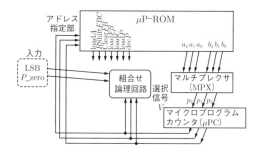

解図 15・5 非負整数 N, M の積 K を求める同期式順序回路の制御部

に実行するアドレスを表す（a_0, b_0 が最下位ビット）．マルチプレクサ MPX は選択信号 V の値が 0 のとき $a_2 a_1 a_0$ を出力し，V の値が 1 のとき $b_2 b_1 b_0$ を出力する．選択信号 V の値は，次のように表される．

$$V = (\mu\text{PC} = (0,0,1) \land LSB) \lor (\mu\text{PC} = (1,0,0) \land P\_\text{zero})$$

$$= (\neg p_2 \land \neg p_1 \land p_0 \land LSB) \lor (p_2 \land \neg p_1 \land \neg p_0 \land P\_\text{zero})$$

また，制御信号 $\text{load}A$, $\text{RShift}FBC$, $\text{Clear}FB$, $\text{load}FB$, $\text{load}C$, $\text{load}P$, $\text{dec}P$ の値はマイクロプログラムカウンタの値 $\mu\text{PC}=(p_2, p_1, p_0)$ を引数として，次のように表される．

$$\text{load}A \quad = (\mu\text{PC} = (0,0,0)) = \neg p_2 \land \neg p_1 \land \neg p_0$$

$$\text{RShift}FBC = (\mu\text{PC} = (0,1,1)) = \neg p_2 \land p_1 \land p_0$$

$$\text{Clear}FB \quad = (\mu\text{PC} = (0,0,0)) = \neg p_2 \land \neg p_1 \land \neg p_0$$

$$\text{load}FB \quad = (\mu\text{PC} = (0,1,0)) = \neg p_2 \land p_1 \land \neg p_0$$

$$\text{load}C \quad = (\mu\text{PC} = (0,0,0)) = \neg p_2 \land \neg p_1 \land \neg p_0$$

マイクロ命令	$\text{load}A$	$\text{RShift}FBC$	$\text{clear}FB$	$\text{load}FB$	$\text{load}C$	$\text{load}P$	$\text{dec}P$	a_2	a_1	a_0	b_2	b_1	b_0
番地 0 (⓪)	1	0	1	0	1	1	0	0	0	1	X	X	X
番地 1 (①)	0	0	0	0	0	0	0	1	1	0	1	0
番地 2 (②)	0	0	0	1	0	0	0	1	1	X	X	X
番地 3 (③)	0	1	0	0	0	1	0	0	X	X	X
番地 4 (④)	0	0	0	0	0	0	0	1	1	0	1
番地 5 (⑤)	0	0	0	0	0	0	1	0	1	X	X	X

解図 15・6 N, M の積 K を求める同期式順序回路の制御部の μP-ROM の内容

$$\text{load}P = (\mu\text{PC} = (0,0,0)) = \neg p_2 \wedge \neg p_1 \wedge \neg p_0$$
$$\text{dec}P = (\mu\text{PC} = (0,1,1)) = \neg p_2 \wedge p_1 \wedge p_0$$

また，μP-ROM の内容は**解図 15·6** のようになる．

2 (省略)

付録

1

マイクロ命令		0 Inc_{PC}	1 Load_{PC}	2 Gate_{PC}	3 Load_{IR}	4 ALUMODE	5 Load_{AC}	6 Gate_{AC}	7 Load_{MBR}	8 Load_{memory}	9 Gate_{MBR}	10 Load_{MAR}	11 R/W	12 $\text{Inc}_{\mu PC}$	13 $\text{Clear}_{\mu PC}$	14 $\text{Load}_{\mu PC}$	15 Test0_{AC}
adr1 番地	MAR ← PC	0	0	1	0	0	0	0	0	0	0	1	0	1	0	0	0
(adr1 + 1) 番地	MBR ← M[MAR]	0	0	0	0	0	0	0	0	1	0	0	0	1	0	0	0
(adr1 + 2) 番地	MAR ← MBR	0	0	0	0	0	0	0	0	0	1	1	0	1	0	0	0
(adr1 + 3) 番地	MBR ← M[MAR]	0	0	0	0	0	0	0	0	1	0	0	0	1	0	0	0
(adr1 + 4) 番地	AC ← MBR	0	0	0	0	0	1	0	0	0	1	0	0	1	0	0	0
(adr1 + 5) 番地	PC ← PC + 1	1	0	0	0	0	0	0	0	0	0	0	0	0	1	0	0
......																	
adr3 番地	MAR ← PC	0	0	1	0	0	0	0	0	0	0	1	0	1	0	0	0
(adr3 + 1) 番地	MBR ← M[MAR]	0	0	0	0	0	0	0	0	1	0	0	0	1	0	0	0
(adr3 + 2) 番地	MAR ← MBR	0	0	0	0	0	0	0	0	0	1	1	0	1	0	0	0
(adr3 + 3) 番地	MBR ← M[MAR]	0	0	0	0	0	0	0	0	1	0	0	0	1	0	0	0
(adr3 + 4) 番地	AC ← AC + MBR	0	0	0	0	1	1	0	0	0	1	0	0	1	0	0	0
(adr3 + 5) 番地	PC ← PC + 1	1	0	0	0	0	0	0	0	0	0	0	0	0	1	0	0

解図 A·1 LD 命令，AD 命令の μP-ROM の内容

2 (省略)

参考文献

1) 尾崎　弘，木下行三：ディジタル代数学，共立出版（1966）
2) 笹尾　勤：論理設計―スイッチング回路理論，近代科学社（1995）
3) 室賀三郎，笹尾　勤 訳：論理設計とスイッチング理論―LSI，VLSI の設計基礎，共立出版（1981）
4) 山田輝彦：論理回路理論，森北出版（1990）
5) 高木直史：算術演算の VLSI アルゴリズム（並列処理シリーズ），コロナ社（2005）
6) 小林芳直：ディジタル・ハードウェア設計の基礎と実践―高性能，高信頼性システムを開発するための定石，CQ 出版社（2006）
7) 今井正治：ASIC 技術の基礎と応用，電子情報通信学会（1994）
8) デイビッド・M・ハリス，サラ・L・ハリス 著，天野英晴，鈴木　貢，中條拓伯，永松礼夫 訳：ディジタル回路設計とコンピュータアーキテクチャ，翔泳社（2009）
9) デイビッド・M・ハリス，サラ・L・ハリス 著，天野英晴，鈴木　貢，中條拓伯，永松礼夫 訳：ディジタル回路設計とコンピュータアーキテクチャ［ARM 版］，翔泳社（2016）
10) ジョン・L. ヘネシー，デイビッド・A. パターソン 著，成田光彰 訳：コンピュータの構成と設計（第 5 版）（上），日経 BP 社（2014）
11) ジョン・L. ヘネシー，デイビッド・A. パターソン 著，成田光彰 訳：コンピュータの構成と設計（第 5 版）（下），日経 BP 社（2014）

索 引

■ア 行■

アップカウンタ　157
アップダウンカウンタ　157
アレイ形乗算器　178

オーバフロー　12
オフセット　19
オンセット　19
オンセット表現　19

■カ 行■

回路構成と使用部品の概略設計　194
回路で利用する部品の動作仕様の決定
　194
カウンタ　157
加減算器　102
仮数部　15
カルノー図　19, 50
完　全　39
完全系　39
完全定義順序回路　141

帰還ループ　111
基底段階　26
帰納段階　26
基本恒等式　24
共有バス　120
禁止入力　112

組合せ論理回路　72
グレイコードカウンタ　170
クワイン・マクラスキー法
　（Quine-McCluskey method）　64

桁上げ出力　93
桁上げ生成関数　96
桁上げ先見加算器　96
桁上げ伝搬関数　96
桁上げ保存加算器　174, 178

語　118
項　30
恒　真　29

■サ 行■

最下位桁　92
最簡積和形（minimum sum of products）
　49
最簡和積形（minimum product of sums）
　69
最上位桁　92
最小項　31
最小項展開　31
最小積和形　49
最小被覆　53
最大項　31
最大項展開　33
最大遅延経路　94
算術論理ユニット　106

249

索　引

自己双対関数　　43
指数部　　15
実行サイクル　　214
シャノン展開　　35
集積回路　　115
充足可能　　29
充足不能　　29
主　項　　53
述　語　　16
出　力　　127
出力関数　　128
出力変数　　127
順序回路　　127
商　　183
乗　算　　174
乗算器　　174
乗　数　　174
状　態　　127
状態数最小化　　141
状態遷移関数　　128
状態遷移出力表　　130
状態遷移図　　130
状態遷移表　　130
状態の縮退　　141
状態変数　　127
状態レジスタ　　202
使用部品の動作仕様　　196
剰　余　　183
初期状態　　128
除　算　　182
除算器　　182
除　数　　183
ジョンソンカウンタ　　168
真理値表　　1, 18

数学的帰納法　　26
スレーブラッチ　　117

積　　174
積　項　　30
積和形　　30
積和標準形　　31
セレクタ（selector）　　86
全加算器　　4, 92

双　対　　25
双対関数　　41
双対形　　44

■タ　行■

タイマ　　157
ダウンカウンタ　　157
立上りエッジ　　116
立下りエッジ　　116
ダッダツリー乗算器　　182
逐次桁上げ加算器　　92
中央処理装置　　209
ツリー形乗算器　　181
デコーダ　　119
転送許可　　120
転送要求　　120
同期回路　　116
同期式順序回路としての実現　　194
動作アルゴリズムの詳細設計　　194
特異最小項　　53, 62
特性方程式　　157

索 引

トライステートバス　120
ドントケア　17, 163
ド・モルガンの法則　26

■ナ　行■

二分決定木　23
入　力　127
入力変数　127

■ハ　行■

ハーフキャリー　106
ハイインピーダンス　121
バイト　118
バスアービタ　120
発　振　123
ハミング距離　169, 170
半加算器　3

比較回路（comparator circuit）　87
引き放し除算法　183
引き戻し除算法　183
被乗数　174
被除数　182
必須項　62
必須主項　62
ビット　6
ビット列　173

ファンイン　22
ブール関数　16
ブール形　36
ブール代数　24
フェッチサイクル　213
不完全に定義された論理関数　17
符号化　157

不　定　112
プライオリティエンコーダ（priority encoder）　86
フリップフロップ　111
分周器　157

ベクトル表現　18

補数　9

■マ　行■

マイクロプログラム　203
マイクロプログラムカウンタ　202
マイクロプログラム方式　194, 202
マイクロ命令　203, 216
マスター・スレーブ形　117
マスタラッチ　117
マルチプレクサ（multiplexer）　86

■ラ　行■

リテラル　30
リングオシレータ　123
リングカウンタ　167

レジスタ　118
レジスタファイル　119
連　接　173

論理演算　1
論理演算記号　1
論理演算子　1
論理回路　1

■ワ　行■

和　93

索引

和項　*30*
和積形　*30*
和積標準形　*31*
ワラスツリー乗算器　*182*
ワンホットコード　*167*

■英字・数字■

CMOS　*94*
CPU　*209*

D フリップフロップ　*116*
D ラッチ　*114*

LSB　*6*

Mealy 型順序機械　*131*

Moore 型順序回路　*194*
Moore 型順序機械　*131*
MSB　*6*

n 変数論理関数　*16*

SR ラッチ　*112*

1 の補数　*9*
10 進補正　*105*
2 進エンコーダ（binary encoder）　*85*
2 進化 10 進加算器　*104*
2 進化 10 進数　*103*
2 進数　*6*
2 進デコーダ（binary decoder）　*84*
2 の補数　*5, 9*

〈編者・著者略歴〉

今井正治（いまい　まさはる）
1979年　名古屋大学大学院工学研究科情報工学専攻博士後期課程修了
1979年　工学博士
現　在　京都情報大学院大学教授，大阪大学名誉教授

東野輝夫（ひがしの　てるお）
1984年　大阪大学大学院基礎工学研究科物理系専攻情報工学分野博士後期課程修了
1984年　博士（工学）
現　在　大阪大学大学院情報科学研究科教授

武内良典（たけうち　よしのり）
1992年　東京工業大学大学院理工学研究科電気・電子工学専攻博士後期課程修了
1992年　博士（工学）
現　在　近畿大学理工学部電気電子工学科教授

橋本昌宜（はしもと　まさのり）
2001年　京都大学大学院情報学研究科通信情報システム工学専攻博士課程修了
2001年　博士（情報学）
現　在　京都大学大学院情報学研究科教授

- 本書の内容に関する質問は，オーム社ホームページの「サポート」から，「お問合せ」の「書籍に関するお問合せ」をご参照いただくか，または書状にてオーム社編集局宛にお願いします。お受けできる質問は本書で紹介した内容に限らせていただきます．なお，電話での質問にはお答えできませんので，あらかじめご了承ください．
- 万一，落丁・乱丁の場合は，送料当社負担でお取替えいたします．当社販売課宛にお送りください．
- 本書の一部の複写複製を希望される場合は，本書扉裏を参照してください．

JCOPY ＜出版者著作権管理機構　委託出版物＞

OHM大学テキスト
論理回路

2016年11月25日　第1版第1刷発行
2024年2月10日　第1版第8刷発行

編　著　者　今井正治
発　行　者　村上和夫
発　行　所　株式会社　オーム社
　　　　　　郵便番号　101-8460
　　　　　　東京都千代田区神田錦町3-1
　　　　　　電話　03(3233)0641(代表)
　　　　　　URL　https://www.ohmsha.co.jp/

© 今井正治 2016

印刷　三美印刷　製本　協栄製本
ISBN978-4-274-21806-4　Printed in Japan

新インターユニバーシティシリーズのご紹介

- 全体を「共通基礎」「電気エネルギー」「電子・デバイス」「通信・信号処理」「計測・制御」「情報・メディア」の6部門で構成
- 現在のカリキュラムを総合的に精査して，セメスタ制に最適な書目構成をとり，どの巻も各章1講義，全体を半期2単位の講義で終えられるよう内容を構成
- 実際の講義では担当教員が内容を補足しながら教えることを前提として，簡潔な表現のテキスト，わかりやすく工夫された図表でまとめたコンパクトな紙面
- 研究・教育に実績のある，経験豊かな大学教授陣による編集・執筆

● ―― 各巻 定価(本体2300円【税別】)

暗号とセキュリティ
神保 雅一 編著 ■ A5判・186頁

【主要目次】 暗号とセキュリティの学び方／暗号の基礎数理／鍵交換／RSA暗号／エルガマル暗号／ハッシュ関数／デジタル署名／共通鍵暗号1／共通鍵暗号2／プロトコルの理論と応用／ネットワークセキュリティとメディアセキュリティ／法律と行政の動き／セキュリティと社会

確率と確率過程
武田 一哉 編著 ■ A5判・160頁

【主要目次】 確率と確率過程の学び方／確率論の基礎／確率変数／多変数と確率分布／離散分布／連続分布／特性関数／分布限界，大数の法則，中心極限定理／推定／統計的検定／確率過程／相関関数とスペクトル／予測と推定

情報ネットワーク
佐藤 健一 編著 ■ A5判・172頁

【主要目次】 情報ネットワークの学び方／情報ネットワークの基礎(1)／情報ネットワークの基礎(2)／情報ネットワークの基礎(3)／インターネットとそのプロトコル／イーサネットとインターネット・プロトコル／インターネット・プロトコルとインターネットワーク／待ち行列理論(1)／待ち行列理論(2)／待ち行列理論(3)／広域ネットワーク構成技術(1)／広域ネットワーク構成技術(2)／広域ネットワーク構成技術(3)

インターネットとWeb技術
松尾 啓志 編著 ■ A5判・176頁

【主要目次】 インターネットとWeb技術の学び方／インターネットの歴史と今後／インターネットを支える技術／World Wide Web／SSL／TTS／HTML，CSS／Webプログラミング／データベース／Webアプリケーション／Webシステム構成／ネットワークのセキュリティと心得／インターネットとオープンソフトウェア／ウェブの時代からクラウドの時代へ

メディア情報処理
末永 康仁 編著 ■ A5判・176頁

【主要目次】 メディア情報処理の学び方／音声の基礎／音声の分析／音声の合成／音声認識の基礎／連続音声の認識／音声認識の応用／画像の入力と表現／画像処理の形態／2値画像処理／画像の認識／画像の生成／画像応用システム

電子回路
岩田 聡 編著 ■ A5判・168頁

【主要目次】 電子回路の学び方／信号とデバイス／回路の働き／等価回路の考え方／小信号を増幅する／組み合わせて使う／差動信号を増幅する／電力増幅回路／負帰還増幅回路／発振回路／オペアンプ／オペアンプの実際／MOSアナログ回路

ディジタル回路
田所 嘉昭 編著 ■ A5判・180頁

【主要目次】 ディジタル回路の学び方／ディジタル回路に使われる素子の働き／スイッチングする回路の性能／基本論理ゲート回路／組合せ論理回路（基礎／設計）／順序論理回路／演算回路／メモリとプログラマブルデバイス／A-D，D-A変換回路／回路設計とシミュレーション

論理回路
髙木 直史 編著 ■ A5判・166頁

【主要目次】 論理回路の学び方／2進数／論理代数と論理関数／論理関数の表現／論理関数の諸性質／組合せ回路／二段組合せ回路の設計(1)／二段組合せ回路の設計(2)／多段組合せ回路の設計／同期式順序回路とフリップフロップ／同期式順序回路の解析／同期式順序回路の設計／有限状態機械

もっと詳しい情報をお届けできます。
○書店に商品がない場合または直接ご注文の場合も右記宛にご連絡ください。

ホームページ　http://www.ohmsha.co.jp/
TEL/FAX　TEL.03-3233-0643　FAX.03-3233-3440

(定価は変更される場合があります)

F-1310-169